HAR
NACK

Ivar Ekeland

Das Vorhersehbare und das Unvorhersehbare

HARNACK

Aus dem Französischen übersetzt von
Dr. Holger Fließbach

Fachliche Beratung
Professor Torsten Fließbach
Universität GH Siegen

CIP-Kurztitelaufnahme der Deutschen Bibliothek

Ekeland, Ivar:
Das Vorhersehbare und das Unvorhersehbare:
d. Bedeutung d. Zeit von d. Himmelsmechanik
bis zur Katastrophentheorie / Ivar Ekeland.
[Aus d. Franz. übers. von Holger Fließbach.
Fachl. Beratung: Torsten Fließbach]. – München:
Harnack, 1985. Einheitssacht.: Le calcul,
l'imprévu < dt. >
ISBN 3-88966-018-5

Copyright der deutschen Ausgabe
© Harnack Verlag, München 1985
Titel der französischen Originalausgabe:
»Le calcul, l'imprévu«
Zuerst erschienen bei Editions du Seuil, Paris 1984
© Janvier 1984, Editions du Seuil
Umschlaggestaltung: Manfred Limmroth
Herstellung: Bettina Best, München
Gesamtherstellung: Huber, Dießen
Printed in Germany
ISBN 3-88966-018-5

Inhalt

Für Catherine

Einleitung

Schon vor längerer Zeit hatte man mich um ein Buch über die sogenannte »Katastrophentheorie« gebeten. Ich gab damals zur Antwort, daß die Katastrophentheorie lediglich *ein* Kapitel in einem sehr viel umfangreicheren Buch sein könne, das die aufsehenerregenden Fortschritte auf dem Gebiet der Mathematik der Zeit behandeln müßte. In die Physik hatten diese neuen Ideen bereits Eingang gefunden; nun wurde es Zeit, daß auch das Publikum über die »seltsamen Attraktoren« und über die Feigenbaumsche Bifurkation aufgeklärt wurde. Eben dieses Buch werde ich schreiben, so sagte ich mir, und in ihm die Revolution darstellen, welche die neuen Ideen in der Wissenschaftspraxis und in unserem Wissenschaftsbegriff bereits bewirkt hatten.

Doch dann mußte ich erkennen, daß diese »neuen« Ideen gut hundert Jahre alt waren und daß es mein Buch bereits gab, und zwar mehr als einmal. Schon zu Beginn unseres Jahrhunderts hatte Poincaré die wichtigsten Probleme abgehandelt und bewußt versucht, sie in einer Reihe allgemeinverständlicher Bücher darzulegen, die bis heute das Muster ihrer Gattung geblieben sind. Auch Bergson hatte Einblick in diese Problematik und schrieb Bleibendes über die Bedeutung der Zeit in den exakten Wissenschaften. Mehr noch: beide Autoren erzielten eindrucksvolle Auflagen, was darauf schließen läßt, daß sie auch gelesen wurden.

Wozu also noch einmal von vorne beginnen? Meine Enttäuschung selbst war so alt wie die Welt: »Was ist's, das geschehen ist? Eben das hernach geschehen wird. Was ist's, das man getan hat? Eben das man hernach wieder tun wird; und geschieht nichts Neues unter der Sonne. Geschieht auch etwas, davon man sagen möchte: ›Siehe, das ist neu?‹ Denn es ist zuvor auch geschehen in vorigen Zeiten, die vor uns gewesen sind.« (Prediger Salomo, 1,9–10)

Dennoch glaube ich, daß noch manches zu sagen bleibt, vor allem aber, daß man es anders sagen kann. Neue Ergebnisse haben die genialen Eingebungen der Vorläufer untermauert. Durch die Arbeit mehrerer Generationen von Forschern präzisiert, um den Beitrag zeitgenössischer Meister wie Thom, Arnold oder Smale bereichert, durch merkwürdige Experimente und überraschende Paradoxa veranschaulicht, können die neuen Ideen heutzutage auch dem Nicht-Fachmann leichter vermittelt werden, so wie man an fernen Ländern, die man hundertmal besucht und mit denen man sich beschäftigt hat, neue Aspekte entdeckt, wenn man sie durch das Objektiv eines begabten Photographen betrachtet.

So galt es, in einigen Momentaufnahmen die Szenerie vorzuführen, in der sich fortan die zeitgenössische Wissenschaft entwickelt.

Die drei Keplerschen Gesetze sind weit mehr gewesen als ein astronomisches Kuriosum: Das Bild der auf elliptischen Bahnen um die Sonne kreisenden Planeten hat ganze Generationen von Forschern beherrscht, weit über die Grenzen der exakten Wissenschaften hinaus. Es stellt einen der festen und selbstverständlichen Bezugspunkte des modernen Denkens dar, und die Entdeckungen Newtons sind bis in die Gegenwart hinein der Prototyp aller wissenschaftlichen Erkenntnis gewesen. In ähnlicher Weise kann man die jüngsten Fortschritte der Mathematik in einige verblüffende Bilder fassen: Arnolds Katze, Smales Hufeisen, Thoms Falte. Diese Bilder haben in allen Bereichen der Wissenschaft ihre Spuren hinterlassen; es ist ihnen offenbar bestimmt, Teil unseres kulturellen Handgepäcks zu werden. Es werden gewissermaßen »Familienporträts« für kommende Generationen sein – Bilder, die einem so vertraut sind, daß man sie gar nicht mehr ansieht, sondern erst bei ihrem Verschwinden bemerkt, wie wichtig sie einem waren.

Das also ist es, was ich vorzuführen gedenke: ein paar Photos aus dem Familienalbum der heutigen Wissenschaft.

Gewiß, es wäre für den Forscher bequemer, im Strom mitzuschwimmen und am »Run« auf die Fachzeitschriften teilzunehmen. Die Fortschritte, die laufend gemacht werden, sind enorm, die anstehenden Probleme faszinierend; es fällt dem Forscher um so schwerer, dies alles hintanzustellen, als er noch nicht zum alten Eisen gehört.

Warum also dieses Buch schreiben? Noch einmal will ich einem sehr alten Autor das Wort erteilen, den einige meiner Leser vielleicht wiedererkennen werden:

»Sage doch! Wo sind sie alle, die alten Meister, die du gekannt hast, als sie noch lebten und auf der Höhe ihres Erfolges standen? Schon haben andere ihre Plätze eingenommen, und ich weiß nicht, ob sie sich jener erinnern.« (Thomas a Kempis, Von der Nachfolge Christi)

Andererseits bemerke ich deutlich das Bedürfnis der Zeitgenossen, über die moderne Wissenschaft informiert zu werden: Zu sehr hat die Wissenschaft durch ihre technischen Auswirkungen unser aller Leben verändert, als daß wir uns nicht Rechenschaft über sie ablegen müßten. Bedauerlicherweise wird dieses Informationsbedürfnis des Publikums jedoch nur selten und nicht immer sachkundig befriedigt. Nur zu oft ziehen sich die Fachwissenschaftler in ihren Elfenbeinturm zurück, während andererseits gebildete Leute sich gerne damit brüsten, die Mathematik werde ihnen stets ein Buch mit sieben Siegeln bleiben.

Und so müssen beide Seiten, Fachwissenschaftler wie Laien, aufeinander zugehen und den Kontakt suchen. Dann würden auch bestimmte, vermeintlich wissenschaftliche

Vorstellungen ausgeräumt, die noch immer in den Köpfen vieler herumspuken, aber entweder seit hundert Jahren überholt oder das Phantasieprodukt irgendwelcher Schreiber sind. Vor allem ergäbe sich ein zutreffenderes Bild von der Wissenschaft und ihren Anforderungen, deren erste lautet, selber zu begreifen. Wenn mein Buch nur einem Leser dazu verhilft, hat es seinen Zweck erreicht.

1

Die Sphärenmusik

Die Keplerschen Gesetze

Die abgebildete Figur ist uns seit langem bekannt. Sie stellt einen um die Sonne kreisenden Planeten dar. Seine Bahn erscheint in der Zeichnung übertrieben abgeflacht, um deutlich zu machen, daß es sich um eine ellipsenförmige und nicht um eine kreisförmige Bahn handelt. In den Fibeln für die Kleinsten veranschaulicht die Zeichnung auf naive Weise die Idee, daß die Erde sich um die Sonne dreht, und überzeugt so die jungen Generationen von einer Wahrheit, zu deren Entdeckung ihre Vorfahren zwei- bis dreitausend Jahre gebraucht haben. Die reiferen Semester haben das Recht, die drei Keplerschen Gesetze zu erfahren:

I – Die Planeten bewegen sich auf Ellipsen, in deren einem Brennpunkt die Sonne steht.

II – Die (gedachte) Linie SP, die die Sonne mit dem Planeten verbindet, überstreicht in gleichen Zeiten gleiche Flächen.

III – Nimmt man zwei Planeten P (Umlaufzeit T, große Halbachse a) und P' (Umlaufzeit T', große Halbachse a'), so sind die Verhältnisse T^2/a^3 und T'^2/a'^3 gleich.

Das erste Keplersche Gesetz gibt die Form der Planetenbahnen an. Das zweite bestimmt die Geschwindigkeiten auf der Umlaufbahn: Wenn der Planet sich der Sonne nähert, er-

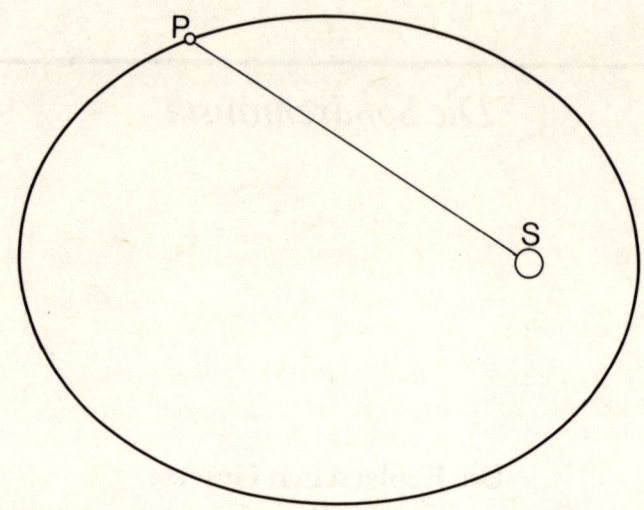

1 Elliptische Bahn eines Planeten P mit der Sonne S in einem der Brenn-punkte.

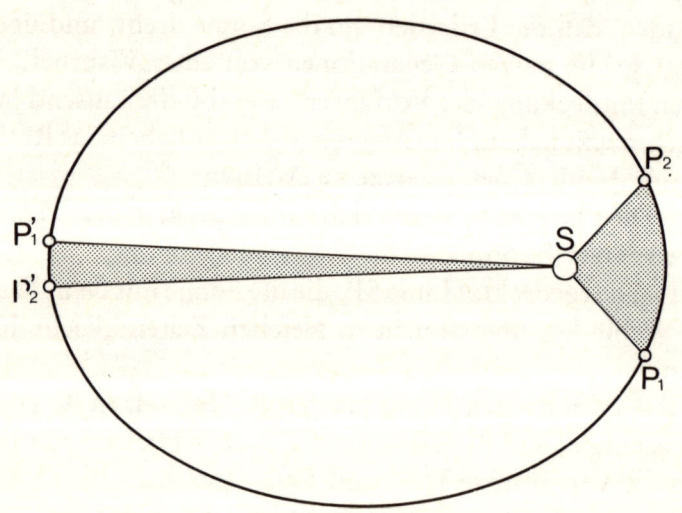

2 Flächensatz. Die Bahnbögen $P_1 P_2$ und $P'_1 P'_2$ werden in der gleichen Zeit durchlaufen.

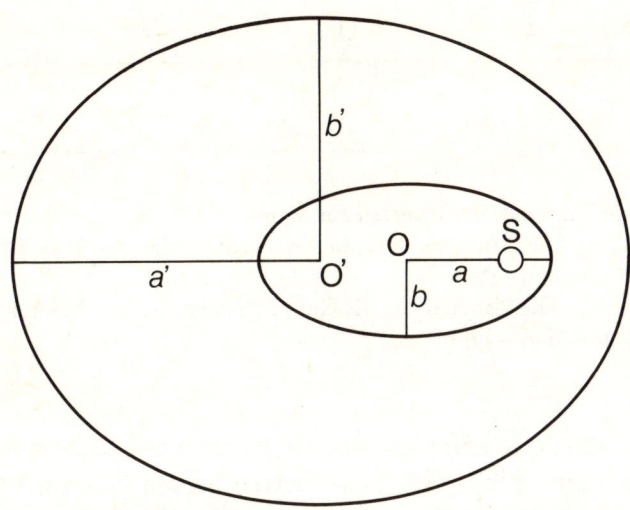

3 $a'/a = 2$, daher $T'/T = 2,8$. Die Keplerellipsen haben denselben Brennpunkt S, aber nicht denselben Mittelpunkt. Ihre Form, d. h. der Wert von b bzw. b', ist ohne Einfluß auf T'/T.

höht sie sich, wenn er sich von ihr entfernt, verringert sie sich. Das dritte Gesetz verknüpft diese Geschwindigkeiten mit den Abmessungen der Planetenbahn, und zwar unabhängig von den physikalischen Besonderheiten der Planeten: Je weiter der Planet entfernt ist, desto langsamer bewegt er sich.

Nimmt man zu den drei Keplerschen Gesetzen die Tatsache hinzu, daß die Bahnen der neun Planeten praktisch in ein und derselben Ebene liegen, erhält man eine vollständige Beschreibung der Planetenbewegungen: neun ineinanderliegende Ellipsen, auf denen sich alle Planeten, von Merkur bis Pluto, im gleichen Umlaufsinn bewegen. Es ist ein ewiges Karussell mit den Proportionen des Sonnensystems (Pluto ist von der Sonne hundertmal weiter entfernt als Merkur und braucht zu einem Umlauf tausendmal länger), was natürlich eine maßstäbliche Darstellung verbietet.

S   J   S   U   N   P

S M V T M   J

4 Relative Abstände der Planeten zur Sonne.
Obere Zeile: Die Planeten von Jupiter bis Pluto: Sonne – Jupiter – Saturn –
Uranus – Neptun – Pluto.
Untere Zeile: Die Planeten von Merkur bis Jupiter: Sonne – Merkur – Venus – Erde – Mars – Jupiter.

1605 entdeckte Kepler, daß die Bahn des Mars kein Kreis, sondern eine Ellipse ist. Seine ersten beiden Gesetze veröffentlichte er in der *Astronomia nova* (erschienen 1609), das dritte in den *Harmonices Mundi* (1618). Man kann ohne Übertreibung sagen, daß dies die größte wissenschaftliche Entdeckung aller Zeiten war. Kepler lieferte eine umfassende Antwort auf die Fragen, die seit Jahrhunderten die besten Köpfe beschäftigt hatten: Eudoxos von Knidos, Aristarchos von Samos, Ptolemäus, Kopernikus. Hören wir Keplers Triumphgesang in der Vorrede zum V. Buch seiner *Weltharmonik:* »Jetzt, nachdem vor achtzehn Monaten das erste Morgenlicht, vor drei Monaten der helle Tag, vor ganz wenigen Tagen aber die volle Sonne einer höchst wunderbaren Schau aufgegangen ist, hält mich nichts zurück. Jawohl, ich überlasse mich heiliger Raserei. Ich trotze höhnend den Sterblichen mit dem offenen Bekenntnis: Ich habe die goldenen Gefäße der Ägypter geraubt, um meinem Gott daraus eine heilige Hütte einzurichten weitab von den Grenzen Ägyptens. Verzeiht ihr mir, so freue ich mich; zürnt ihr mir, so ertrage ich es. Wohlan, ich werfe den Würfel und schreibe ein Buch für die Gegenwart oder die Nachwelt. Mir ist es gleich. Es mag hundert Jahre seines Lesers harren, hat doch auch Gott sechstausend Jahre auf den Beschauer gewartet.« (*Weltharmonik.* Übersetzt und eingeleitet von Max Caspar. München 1973, S. 280.)

Wer jemals, sei es in einem Planetarium, sei es auf einer Sternkarte, die Springprozession des Planeten Mars durch den Tierkreis verfolgt hat – zwei Schritte vor, einen Schritt zurück –, wird die Begeisterung Keplers nicht übertrieben finden. Mars rückt zwar in der allgemeinen Richtung der Ekliptik vor, oszilliert aber in unregelmäßiger Weise hin und her. Er läuft in schnurgerader Linie zurück, bevor er seine Vorwärtsbewegung wieder aufnimmt, so daß sich das aus rückläufigen Bewegungen zusammengesetzte Liniengewirr seiner Bahn ausnimmt wie die verhedderten Angelschnüre eines unerfahrenen Anglers. Dasselbe gilt für Jupiter und Saturn. Die inneren Planeten Venus und Merkur werfen durch ihre Nähe zur Sonne wieder andere Probleme für den Beobachter auf. So setzt die Erkenntnis, daß es sich beim »Morgenstern« und beim »Abendstern« um ein und denselben Planeten Venus in unterschiedlicher Stellung zur Sonne handelt, bereits eine ganze astronomische Theorie voraus.

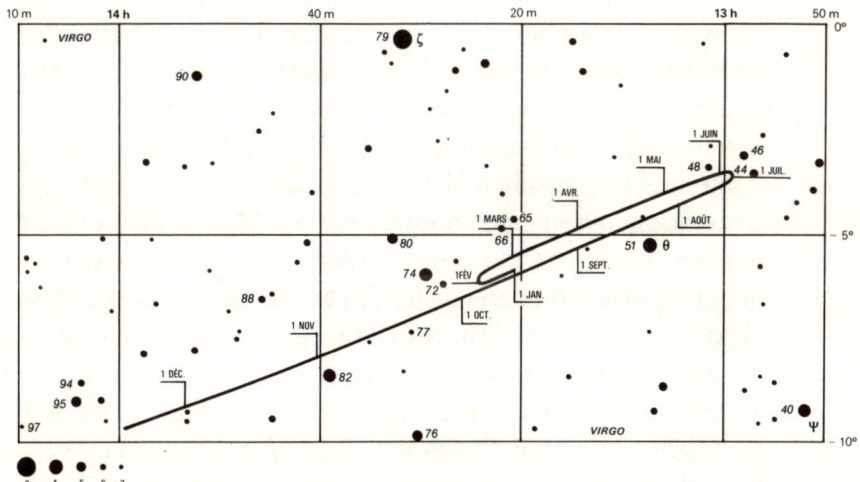

5 Positionen des Saturn am Sternenhimmel zwischen dem 1. Januar und dem 31. Dezember 1982. Deutlich erkennt man die rückläufige Bewegung des Planeten. (Annuaire du Bureau des longitudes: *Éphémérides 1982.* Gauthier-Villars.)

Das Entwirren der Planetenbahnen hat unendlich viel mehr Geduld gekostet, als es das Entwirren von verhedderten Angelschnüren – selbst in Dimensionen des Sonnensystems – erfordert. Kepler zog Nutzen aus den bereits sehr präzisen Theorien des Ptolemäus und des Kopernikus sowie aus den Beobachtungen Tycho Brahes. Trotzdem mußte er sich noch mit haarsträubenden Berechnungen herumplagen, die sich über Jahre erstreckten – alles ohne elektronische Rechenmaschinen und ohne Logarithmentafel. Keplers handschriftliche Berechnungen, die heute in der Bibliothek von Pulkova aufbewahrt werden, nehmen Tausende von Seiten ein. In der *Astronomia nova* schließt er fünfzehn große Foliantenseiten voller Berechnungen mit der Bitte an den Leser, den unglücklichen Verfasser zu bedauern, der diese Berechnungen siebzigmal von vorne anfangen mußte, bevor er zu einer Lösung kam. Unser Angler hat immerhin gesehen, daß die Angelschnüre beim Eintauchen ins Wasser in Ordnung waren, und hat einigen Grund zu der Hoffnung, daß sie, obwohl verheddert, sich bei nochmaligem Auswerfen der Angel von selber entwirren werden. Ein Ptolemäus oder ein Kepler hatten nichts anderes als ihren unerschütterlichen Glauben an die im Kosmos verborgene Harmonie, um in der Fortsetzung ihrer Bemühungen nicht zu erlahmen.

Die drei Keplerschen Gesetze bedeuten den Triumph von Generationen von Astronomen, die seit ältester Zeit und an den verschiedensten Orten der Welt, von den Chinesen bis zu den Mayas, von den Chaldäern bis zu den Arabern, hartnäckig darauf bestanden, dort Harmonie und Regelmäßigkeit einzuführen, wo sie sie bisher nicht sahen. Für das bloße Auge sind die Bewegungen der Planeten so regelmäßig wie das Fließen eines von Strudeln aufgewühlten Stromes. Warum sich nicht zufriedengeben mit diesem Gesamteindruck eines gleichmäßigen Vorrückens der Planeten in der allgemeinen Richtung der Ekliptik? Warum um jeden Preis die kleinen Zufallsabweichungen in der Bewegung der einzelnen Planeten erklären wollen?

Sicher war dieses Wissen nicht ohne jedes praktische Interesse. Seit dem frühesten Altertum hatten die Bedürfnisse der Astrologie die Vorausbestimmung der Planetenstellungen im Tierkreis zu einem Problem von erheblicher praktischer Bedeutung gemacht. Kepler selbst hatte in seiner Eigenschaft als Hofmathematiker Horoskope anzufertigen und Vorhersagen zu treffen. Am Anfang seiner Laufbahn hatte er das Glück, einen strengen Winter, Bauernunruhen und den Krieg gegen die Türken richtig vorauszusagen, was mehr für seinen Ruf leistete als alle wissenschaftlichen Abhandlungen, die er später herausbrachte. Die Berechnung des Kalenders, besonders die Bestimmung des Osterfestes, warf ebenfalls außerordentlich schwierige astronomische Probleme auf, deren Lösung die genaue Kenntnis der Bewegungen von Erde, Sonne und Mond erforderte.

Doch über diese für uns recht überholten praktischen Erwägungen hinaus gibt es ein fundamentales theoretisches Bedürfnis: die Gewißheit, daß dem Kosmos eine Harmonie zugrunde liegt, daß Gott die Welt mit Weisheit erschaffen hat und daß diese Harmonie bzw. diese Weisheit sich in einfacher, wenngleich verborgener Weise ausdrückt. Dieser Überzeugung sind wir auch heute noch, und in dieser Hinsicht sind wir die Erben Keplers und der ganzen in ihm gipfelnden Tradition. Mit ihren Überzeugungen haben uns die Alten auch ihre Methode vermacht; denn sie haben uns gelehrt, daß die Geheimnisse der Natur sich am besten in einer mathematischen Sprache offenbaren. Wie Galilei gesagt hat: Das Buch der Natur ist in geometrischen Zeichen geschrieben, in Kreisen, Dreiecken und Vierecken.

Man wird bemerkt haben, daß Galilei nicht von Ellipsen spricht. Das mag belanglos erscheinen, ist aber von Bedeutung. In der Mathematik sind die Figuren, auf die sich die Intuition stützt, wichtiger als der Text, der nichts weiter tut, als die Intuition in Worte zu kleiden. Und so haben die klassischen Astronomen bis zu Kepler es unterlassen, eine andere Figur als den Kreis und eine andere Bewegung als die gleichförmige in Betracht zu ziehen. Die technischen Mittel, um es anders auszudrücken, gab es schon sehr lange; hinsichtlich der geometrischen Eigenschaften der Ellipse bezieht sich Kepler auf Apollonios von Perge (262–180 v. Chr.), und für die Untersuchung der Bewegung gemäß dem Flächensatz greift er auf Archimedes (287–212 v. Chr.) zurück. Aber bis zur *Astronomia nova* bleiben alle Weltsysteme mehr oder weniger ingeniöse Kombinationen aus Kreisen und gleichförmigen Bewegungen.

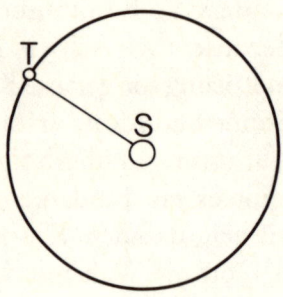

6 Das System des Aristarchos. Die Umlaufbahnen sind kreisförmig, die Sonne steht im Mittelpunkt, die Planeten bewegen sich mit konstanter Geschwindigkeit.

Das einfachste System ist das des Aristarchos. Es setzt die Sonne in den Mittelpunkt der Welt; die Planeten beschreiben Kreisbahnen um sie, auf denen sie sich gleichförmig bewegen. Für jemanden, der im dritten vorchristlichen Jahrhundert auf Samos lebte, war das eine erstaunlich moderne Konzeption, die insbesondere verlangte, daß die Erde rund ist und sich um sich selber dreht. Überdies sind seine Kreise ausgezeichnete Annäherungen an Keplerellipsen: Von allen damals bekannten Planeten weicht die Bahn des Mars am stärksten von der Kreisform ab, und dennoch beträgt der Unterschied zwischen der großen und der kleinen Achse

18

hier nur 0,5 Prozent. Aber man darf die Sonne nicht in den Mittelpunkt der Planetenbahn stellen: Der Abstand zwischen dem Mittelpunkt und den Keplerschen Brennpunkten beträgt 9 Prozent der großen Achse. Vor allem ist jedoch die Bewegung auf der Umlaufbahn keine gleichförmige: Gemäß dem Flächensatz bewegt sich der Planet um so schneller, je näher er der Sonne ist. Zu bestimmten Zeiten ergab sich aus allen diesen Irrtümern eine Winkelabweichung von 15° zwischen der tatsächlichen und der vermeintlichen Position des Mars.

Diese Abweichung der Theorie von der Erfahrung war unannehmbar, und das Modell des Hipparchos von Nikäa wurde zugunsten anderer Konstruktionen aufgegeben, die zwar wackliger waren, sich aber enger an die Beobachtungsdaten hielten.

So führt beispielsweise das System des Ptolemäus zu Fehlern in der Größenordnung mehrerer Grade. Die genauesten astronomischen Tafeln, die zu Keplers Zeit bekannt waren, die nach dem System des Kopernikus erstellten *Tabulae Pruthenicae* (1551), enthalten, wie Kepler selbst erwähnt, Fehler von 4 bis 5°. Man erzählt, daß Kopernikus es sich zum Ziel gesetzt hatte, eine Genauigkeit in der Größenordnung der Beobachtungsfehler, also etwa zehn Bogenminuten, d. h. ein Sechstelgrad, zu erreichen. Man sieht, daß er auch davon noch weit entfernt war.

Doch bei Kopernikus wie bei allen Astronomen bis zu Kepler wurde die Auffassung des Problems von vorgefaßten Bildern belastet, die aus ihrem kulturellen Gepäck stammten. Die Frage, die sie sich stellten, lautete nicht: »Wie beschreibt man am besten die Bewegung der Planeten?« Es galt, ein Gebäude zu errichten, aber so, daß man sich einzig und allein jener Materialien bediente, die man bei der Hand hatte. Der Bauhof war seit zwei Jahrtausenden derselbe, Generationen von Arbeitern lösten sich ab, hinterließen einander ihre Werkzeuge und verwendeten immer wieder dieselben Materialien, ohne daß irgend jemand auf den Gedanken gekommen wäre, sich auf die Suche nach etwas Neuem zu machen.

Die Besessenheit von bestimmten Bildern, der beflügelnde Schwung, den sie anfänglich verleihen und das Hemmnis, das sie später, wenn sie ausgedient haben, dem Fortschritt in den Weg legen, sind das Hauptthema dieses Buches. Das so einfache Bild der kreisförmigen, gleichmäßigen Bewegung – ein Punkt, der sich auf einem Kreis mit konstanter Geschwindigkeit fortbewegt – ist dafür ein ausgezeichnetes Beispiel. Dieses Bild hat das System des Ptolemäus hervorgebracht, eine der großen Konstruktionen des menschlichen Geistes. Es beruht auf drei genialen Erfindungen.

– Der Epizykel. Hierbei handelt es sich um einen kleineren Kreis, dessen Mittelpunkt sich gleichmäßig auf einem größeren, feststehenden Kreis fortbewegt. Wenn sich jetzt ein Punkt gleichmäßig auf dem kleineren Kreis fortbewegt, wird seine Bewegung, von einem festen Punkt aus betrachtet, denselben Wechsel von Beschleunigung und Verlangsamung, ja Rückläufigkeit zeigen wie, von der Erde aus betrachtet, die Bewegung der Planeten.

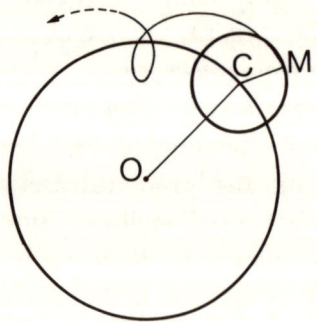

7 Ein Epizykel. Der Mittelpunkt C des kleinen Kreises bewegt sich gleichförmig auf dem großen Kreis. Gleichzeitig bewegt sich der Punkt M gleichförmig auf dem kleinen Kreis. Beide Bewegungen zusammen bewirken für den Punkt M eine Folge von Beschleunigungen und Verzögerungen.

– Der Äquant. Denken wir uns einen feststehenden Kreis und in ihm einen vom Mittelpunkt verschiedenen Punkt: Dies ist der Äquant. Denken wir uns ferner eine Bewegung auf dem Kreis, die nicht in bezug auf den Kreismittelpunkt, sondern in bezug auf den Äquanten gleichmäßig ist, d. h. die Winkelgeschwindigkeit, gemessen vom Äquanten aus, ist konstant. Dann hat der bewegliche Punkt auf dem Kreis keine konstante Geschwindigkeit: vielmehr beschleunigt sie sich, wenn der Punkt sich dem Äquanten nähert, und verlangsamt sich, wenn er sich von ihm entfernt – wie die Planeten auf ihren Bahnen.

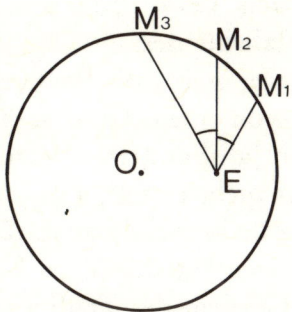

8 Ein Äquant E. Der Punkt M bewegt sich auf einem Kreis mit dem Mittelpunkt O. Vom Punkt E aus gesehen, durchläuft M gleiche Winkel in gleichen Zeiten. Die Bewegung wäre anders, wenn man die Winkel etwa vom Mittelpunkt O aus messen würde.

– Die Exzentrik. Die Erde befindet sich nicht notwendigerweise im Mittelpunkt des Systems. Ptolemäus schreibt ihr eine Position zu, die symmetrisch zur Position des Äquanten in jeder Planetenbahn ist, wodurch er sich unbewußt den beiden Brennpunkten der Keplerellipsen nähert.

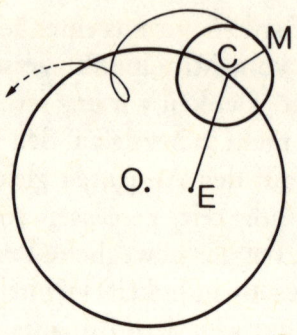

9 Das System des Ptolemäus: Zusammenwirken eines Epizykels mit einem Äquanten.

Dank des Epizykels, des Äquanten und der Exzentrik erlaubten es im 2. Jahrhundert n. Chr. die kreisförmigen, gleichmäßigen Bewegungen, die Stellung der Planeten mit einer Genauigkeit von einem Grad vorauszusagen. In den folgenden vierzehn Jahrhunderten wurden keine nennenswerten Fortschritte mehr erzielt, was erkennen läßt, daß es anderer Methoden bedurfte. Aber im Gegenteil: das Bild von der gleichmäßigen kreisförmigen Bewegung – beglaubigt vom ganzen Gewicht der Tradition und ihrer, wenngleich uralten, Erfolge – setzte sich nur immer hartnäckiger in den Köpfen der Forscher fest.

Und was für gute Gründe sie angeführt hatten! Unter Berufung auf die Autorität des Aristoteles beweist Kopernikus, daß die gleichmäßige kreisförmige Bewegung die vollkommenste und natürlichste und infolgedessen die einzige Kraft ist, die die Himmelsmechanik zulassen kann. Weniger dogmatisch, aber ebenso nachdrücklich schreibt Tycho Brahe im Jahre 1600 an Kepler: »Denn die Bahnen der Sterne müssen ganz und gar aus kreisförmigen Bewegungen zusammengesetzt sein; andernfalls würden sie nicht beständig und gleichmäßig in sich selbst zurücklaufen und würden der Dauer ermangeln. Ganz davon zu schweigen, daß diese Bahnen weniger einfach und unregelmäßiger wären und sich weder zur Untersuchung noch zur Berechnung eigneten.«Was Kepler selbst betrifft, so hält die *Astronomia nova* die verschiedenen Entwicklungsstufen seines Denkens fest: Er beginnt damit, daß er den Planeten (mit Ausnahme der Erde) völlig kreisförmige Bahnen zuschreibt, kompliziert diese dann durch einen Epizykel, um endlich über die Ellipse nachzudenken. Lassen wir ihn selbst zu Worte kommen: »Mein erster Irrtum war die Annahme, daß die Bahn der Planeten ein vollkommener Kreis sei. Dieser Irrtum hat mich um so mehr Zeit gekostet, als er von der Autorität aller Philosophen gestützt wurde und in metaphysischer Hinsicht völlig plausibel war.«

Eine so tief verwurzelte Idee ließ sich auch nicht im Handumdrehen ausrotten. Es bedurfte eines weiteren Jahrhunderts und der Hilfestellung durch die Newtonsche Mechanik, um alle Astronomen zu Keplerianern werden zu lassen. So sehr fesselt eine einfache und bewährte geometrische Vorstellung die Einbildungskraft und formt die Intuition. So sehr sträubt sich der Arbeiter dagegen, sich von altem, zuverlässigem Werkzeug zu trennen, an das seine Hand gewöhnt ist.

Doch ein Jahrhundert später ist die astronomische Revolution vollzogen. Die Keplerellipsen und der Flächensatz haben die gleichmäßigen kreisförmigen Bewegungen vom Himmel verjagt. Eine neue Erklärungsweise hat sich herauskristallisiert, eine einfache geometrische Vorstellung, die ihrerseits die Intuition der Forscher auf Generationen hinaus prägen wird. Auch sie wird ihre Stunde des Triumphes haben, Erfolge auf Erfolge häufend, bis die Zeitgenossen glauben werden, den Schlüssel zum Universum zu besitzen. Doch werden wir uns fragen müssen, ob wir nicht heute das Zeitalter ihres Niederganges erleben.

Die Himmelsmechanik

Die ptolemäischen Kreise und die Keplerellipsen sind zwei verschiedene Übersetzungen ein und derselben Forderung in die Sprache der Geometrie: Wir wollen, daß die Naturerscheinungen dauerhaft und regelmäßig, mit einem Wort: vorhersehbar sind. Wenn das 18. Jahrhundert das Universum mit einem Uhrwerk vergleicht, so spielt es keine große Rolle, ob man dabei den letzten Abglanz des ptolemäischen Modells im Sinn hat oder schon den ersten Vor-Schein der Newtonschen Mechanik. Entscheidend ist, daß der Vergleich möglich und also überzeugend ist. Man zögert übrigens nicht, den Vergleich noch weiter zu treiben. Für Voltaire wie für seine Zeitgenossen gilt: »Das Uhrwerk setzt den Uhrmacher voraus.« Man wird noch bis zum Ende des Jahrhunderts warten müssen, um von einem Wissenschaftler ein bewußt atheistisches Glaubensbekenntnis zu hören; es ist die berühmte Antwort, die Laplace auf die Frage Napoleons gab, was er in seinem System mit Gott anfange: »Sire, diese Hypothese habe ich nicht nötig gehabt.«

Indessen haben sich andere Götter erhoben. Es ist die Zeit, da man beginnt, »die Wissenschaft« zu vergötzen. Sie ist die neue Religion, deren Bekenner den oft engstirnigen und beschränkten Übereifer der Neubekehrten zeigen. Hören wir, in welchem Ton derselbe Laplace zu uns spricht: »In diesen Zeiten der Unwissenheit war man weit entfernt von dem Gedanken, daß die Natur stets unveränderlichen Gesetzen gehorcht. Je nachdem, ob die Naturerscheinungen mit Regelmäßigkeit oder aber ohne erkennbare Ordnung eintraten und einander folgten, ließ man sie von letzten Ursachen oder aber vom Zufall abhängen; und wenn sie irgend etwas Außerordentliches zeigten und der Ordnung der Natur entgegenzuwirken schienen, sah man in ihnen Zeichen des zürnenden Himmels.« (*Exposition du système du monde*, Buch VI, Kapitel VI.)

Die Botschaft ist klar: Es gibt eine unveränderliche Ordnung der Natur. Die Naturerscheinungen sind regelmäßig, und wenn es Unordnung gibt, so ist sie nur scheinbar. Gewiß, im Zeitalter von Laplace hat das wissenschaftliche Credo seine endgültige Gestalt gefunden, das Geheimnis der Gravitation ist entschleiert, und die Wissenschaft hat ihre ersten Wunder vollbracht. Aber der Wissenschaftsoptimismus reicht noch viel weiter und prägt in Wirklichkeit die gesamte Entwicklung der Astronomie seit der Antike. Wenn man unablässig die Modelle vervollkommnete und die Beobachtungen verbesserte, dann deshalb, weil man an eine mögliche Übereinstimmung von Modell und Beobachtung glaubte, ja weil man hoffte, die Übereinstimmung könne eine vollkommene sein.

So verwirft Kepler eine Hypothese, die ihn jahrelange Arbeit gekostet hat, weil für gewisse Planetenpositionen die größten registrierten Unterschiede zwischen seinen Berechnungen und der Beobachtung acht Bogenminuten betragen. Das ist der scheinbare Durchmesser eines aus hundert Meter Entfernung gesehenen Tellers – eine Geringfügigkeit und jedenfalls unterhalb der Genauigkeitsgrenze der antiken Astronomie. Leider gingen die Beobachtungen auf Tycho Brahe (1546–1601) zurück; wie Kepler sagt: »Uns, denen die göttliche Gnade zuteil ward, in Tycho Brahe einen so tüchtigen Beobachter zu besitzen, daß seine Beobachtungen uns den von Ptolemäus begangenen Fehler von acht Minuten aufdecken: uns kommt es zu, diese Wohltat Gottes dankbar anzunehmen und aus ihr Nutzen zu ziehen. Das will sagen, daß wir uns die Mühe machen müssen, endlich die wahre Struktur der Himmelsbewegungen zu entdecken.«

Das Streben nach größerer Genauigkeit geht also einher mit der Suche nach einer hypothetischen »wahren Struktur«, die ein für allemal die in der Natur verborgene Ordnung aufdecken wird. Das Wunder war, daß diese Suche nicht vergeblich war und daß Newton den Gral zurückholte. Gegen Ende des 18. Jhd. dichtete Alexander Pope:

»Nature and Nature's laws lay hid in night:
God said: ›Let Newton be!‹ and all was light.«

(Die Natur und ihre Gesetze lagen im Dunkel: Gott sprach:
›Es werde Newton!‹, und alles war Licht.)

Laplace erkannte den *Philosophiae naturalis principia mathematica* (Mathematische Prinzipien der Naturlehre), dem 1687 erschienenen Hauptwerk Newtons, »den Vorrang vor den übrigen Hervorbringungen des menschlichen Geistes« zu.

Dieses Werk ist um so eindrucksvoller, als Newton der Überlieferung zufolge seine wichtigsten Resultate in den Jahren nach 1666 fand, im Alter von vierundzwanzig Jahren, als er vor der großen Pest, die London und seine Umgebung heimsuchte, auf das Land geflohen war. Schon der Titel ist aufschlußreich: Es geht nicht mehr darum, die Außenwelt zu beschreiben; es gilt, zu verstehen, was sie »im Innersten zusammenhält«. Die drei Keplerschen Gesetze beschreiben die Bewegung der Planeten und erlauben es, sie innerhalb gewisser Fehlergrenzen vorauszusagen. Aber weder Kepler noch sonst irgend jemand vor Newton hatte die Frage beantworten können: »Wie kommt es, daß die Planeten herumrennen?«

Man könnte sagen, daß auch Newton sie nicht beantwortet. Das bekannte Gesetz der allgemeinen Massenanziehung zeigt zwar, auf welche Weise die Planeten von der Sonne bewegt werden, aber es sagt nicht, wie oder warum sich dies überhaupt ereignet. Die Feststellung: »Die Anziehung zweier Körper ist direkt proportional zu ihrer Masse und umgekehrt proportional zum Quadrat ihrer Entfernung« erledigt nicht alle Fragen. Was ist Materie? Warum diese Anziehungskraft? Wie kann sie zwischen Körpern wirken, die durch das Vakuum voneinander getrennt sind? Newton selbst betrachtete die Anziehungskraft durch Gravitation eher als einen mathematischen Kunstgriff denn als physikalische Realität. Aber diese Vorsicht wurde rasch von seinen begeisterten Schülern aufgegeben, die aus dem »Newton-schen Gesetz« die ultima ratio wissenschaftlicher Erkenntnis machten. Im 19. Jahrhundert wird sich dasselbe Problem bei den Kräften der Elektrizität stellen, die vom Coulomb-schen Gesetz regiert werden, so wie die Gravitationskräfte vom Newtonschen Gesetz regiert werden. Diesmal waren es Faraday und nach ihm Maxwell, die sich nicht damit zufriedengaben, eine Fernwirkung zu konstatieren; so entwickelten sie den Begriff des elektrischen Feldes, das die Wirkungen zwischen Körpern vermittelt und sich mit endlicher Geschwindigkeit ausbreitet. Vom elektrischen Feld zum Gravitationsfeld ist es nur ein Schritt, und die Theorie der Felder – Triumph der klassischen Physik – sollte später ironischerweise die Fundamente des Newtonschen Gebäudes dadurch untergraben, daß sie zur Revolution durch die Relativitätstheorie führte. Wenn die Newtonsche Physik bis heute brauchbar bleibt, dann als bemerkenswert genaue Phänomenologie innerhalb ihres Anwendungsbereiches, die freilich ihre innere Rechtfertigung verloren hat.

Indes erlaubte diese Erklärung, die keine mehr ist, doch unverhoffte Erfolge, so daß man sogar geglaubt hat, den Schlüssel zum Universum zu besitzen. Newton selbst beweist, ausgehend vom Gravitationsgesetz, die drei Keplerschen Gesetze und erklärt die Gezeiten sowie das Vorrücken des Zeitpunkts der Tag- und Nachtgleiche durch die Anziehungskraft der Sonne und des Mondes. Er begründet damit eine neue Wissenschaft, die Himmelsmechanik, zu der bis in unsere Tage die größten Mathematiker – Euler, Lagrange, Laplace, Poincaré, Siegel – ihren Beitrag leisteten und deren spektakuläre Erfolge im Verlauf von mehr als einem Jahrhundert jeder Entwicklung in der Wissenschaft zum Vorbild und zur Inspiration dienen sollten.

Das erste, was man in der Himmelsmechanik beweist, ist merkwürdigerweise, daß die Keplerschen Gesetze falsch sind; genauer gesagt: daß sie nur näherungsweise gelten. Jeder Planet wird auf seiner Keplerbahn durch die Anzie-

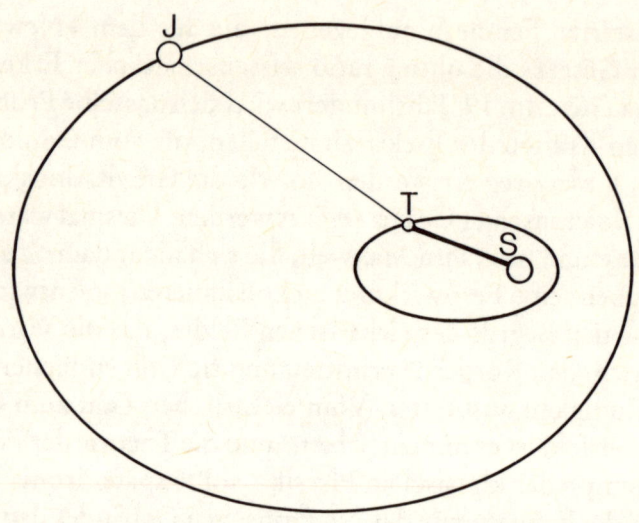

10 Die Himmelsmechanik: Der Planet T unterliegt nicht nur der Anziehungskraft der Sonne S, sondern auch der des großen Planeten J. Die Bahn von T weist daher eine Abweichung von der Keplerschen Bezugsbahn auf.

hungskraft der Sonne festgehalten und durch die Anziehungskraft anderer Planeten, vor allem des größten unter ihnen, nämlich Jupiters, von ihr abgelenkt. Glücklicherweise sind diese Abweichungen der Berechnung zugänglich. Die Astronomen entwickelten sehr bald die notwendigen mathematischen Methoden, um die Position eines Planeten für einen gegebenen Zeitpunkt mit einer gegebenen Genauigkeit vorherzusagen. Es handelt sich um das, was man Störungsrechnung nennt und was durch zwei Schriften bezeichnet wird, die *Mécanique céleste* von Laplace (1798–1825) und die *Méthodes nouvelles de la mécanique céleste* von Poincaré (1892–1899). Um eine Vorstellung von der erzielten Präzision zu geben, wollen wir erwähnen, daß man Merkur mehrere Monate im voraus auf einige Kilometer genau lokalisieren kann. Vergessen wir vor allem nicht die Apollo-Missionen und die Raumsonden, die man ohne Störungsrechnung nicht hätte steuern können.

Wenn diese Methoden es erlauben, die künftige Position der Planeten aus ihrer heutigen Position und Geschwindigkeit abzuleiten, erlauben sie es auch, zeitlich zurückzugehen und die Situation für jeden beliebigen Zeitpunkt der Vergangenheit zu ermitteln. M. a. W.: Vergangenheit und Zukunft des Sonnensystems sind seiner Gegenwart vollständig eingeschrieben. Um den Zustand des Universums an einem bestimmten Zeitpunkt der Vergangenheit oder der Zukunft – die Mathematiker machen hierin keinen Unterschied – zu kennen, genügt es, seinen gegenwärtigen Zustand mit hinreichender Genauigkeit zu kennen und über ein entsprechendes Rechenvermögen zu verfügen.

Und so verflüchtigt sich die Zeit, ganz und gar eingeschlossen im gegenwärtigen Augenblick, diesem verschwindenden Intervall, welches das Nicht-mehr der Vergangenheit von dem Noch-nicht der Zukunft trennt. Vergangenheit und Zukunft sind Äquivalente, weil vollständig in der Gegenwart enthalten, und man kann dem Strom der Zeit ebenso bequem aufwärts wie abwärts folgen, so wie man dem Lauf eines vereisten Flusses folgt. Dieses unwahrscheinliche Universum ist dennoch das der Newtonschen Physik, und die Gelehrten des 19. Jahrhunderts haben wirklich geglaubt, mit ihren Berechnungen an Ursprung und Ende der Zeiten zu rühren. Nur einige Berechnungen noch, und sie glaubten, alles zu kennen, einschließlich der Zukunft der Menschheit und ihrer eigenen Wissenschaft.

Hören wir etwa, welche Aufgaben Laplace den Astronomen künftiger Zeiten zuweist: Katalogisierung der Sterne und der Nebel, ihrer Bewegungen und ihrer Helligkeit sowie der Variationen, auf die man stoßen wird; Entdeckung von neuen Objekten im Sonnensystem, hauptsächlich von Kometen, und Bestimmung ihrer Bahn. So gibt es genügend zu tun, um mehrere Generationen von Astronomen vor Langeweile sterben zu lassen, weil sie dazu verdammt sind, die Überbleibsel eines Festmahls aufzupicken, von dem andere den besten Teil genossen haben. »So wie es nur ein Universum gibt, das der Erklärung bedarf, so kann niemand zum zweitenmal tun, was Newton getan hat, der glücklichste aller Sterblichen.« (Lagrange, zitiert von Koyré.) Man zögert nicht einmal, die Grundelemente für die künftigen Fortschritte der Astronomie zu analysieren, und erklärt kühn: »Sie hängen von drei Dingen ab, der Zeitmessung, der Winkelmessung und der Vervollkommnung der optischen Instrumente.« Die ersten beiden Punkte lassen bedauerlicherweise nichts mehr zu wünschen übrig – so das Diktum Laplace' –, so daß alle unsere Hoffnungen auf dem dritten ruhen. Keine Rede von Spektroskop oder Radioteleskop; Schwarze Löcher, Quasare, das sich ausdehnende Universum: sie sind unvorstellbar.

In der erstickenden Enge dieses Universums, in welchem alles im voraus bekannt war, hat das 19. Jahrhundert gelebt. In dieser Atmosphäre hat sich die Aufklärungsphilosophie weiterentwickelt und sind viele jener politischen, wirtschaftlichen und sozialen Theorien entstanden, die uns heute noch zu schaffen machen. In diesem Zeitalter endlich hat man die Gewohnheit angenommen, zu erklären, ohne zu verstehen: Die allgemeine Massenanziehung lieferte ein mathematisches Modell, das es einigen Fachleuten erlaubte, mit Hilfe oft schwieriger und stets unergründlicher Berechnungen exakt jede beliebige astronomische Situation vorherzusagen, ohne daß irgend jemand anzugeben vermochte, was diese Anziehungskraft eigentlich war oder wie sie durch den leeren Raum hindurch und instantan über riesige Entfernungen hinweg wirksam zu werden vermochte. Von dieser Zeit rührt die Spaltung zwischen dem wissenschaftlichen Denken und der natürlichen Intuition, zwischen dem Quantitativen und dem Qualitativen her.

Die neue Lehre war unwiderstehlich. Ihre theoretischen Schwächen glich sie mit einer unbestreitbaren praktischen Wirksamkeit aus. Der Eifer ihrer Anhänger wurde immer wieder durch neue Erfolge beflügelt. Erinnern wir uns beispielsweise an die Entdeckung des Planeten Neptun. Die

Unregelmäßigkeiten in der Bewegung des Uranus hatte man auf das Vorhandensein eines noch unbekannten äußeren Planeten zurückgeführt. Unabhängig voneinander nahmen Le Verrier in Paris und Adams in Cambridge die zur Berechnung des unbekannten Planeten notwendigen Jahre in Kauf, und im September 1846 konnte Le Verrier einem Kollegen in Berlin schreiben, er möge die und die Himmelsregion beobachten. Neptun stellte sich pünktlich ein. Ein Astronom hatte einen neuen Planeten entdeckt, ohne auch nur die Nase von seinen Papieren zu heben.

Das Aufsehen war enorm. Die Freude wurde allerdings ein wenig getrübt, als Le Verrier seine Methode auch auf die Unregelmäßigkeiten in der Bewegung des Merkur anwendete und einen neuen, natürlich auf den Namen Vulkan getauften Planeten »entdeckte«, der sich indes hartnäckig weigerte, sich zu zeigen. Dafür wurde im Januar 1930 Pluto entdeckt, und zwar unter nahezu denselben Umständen wie Neptun. Und als ich gestern die Zeitung aufschlug, las ich, daß Plutos Masse nicht ausreicht, um die in der Umlaufbahn des Neptun beobachteten Abweichungen zu erklären, und daß die Astronomen das Vorhandensein eines transplutonischen Objekts, sei es Planet oder degenerierter Stern, vermuten ...

Noch heute geistert durch die Welt der Schlachtruf der Astronomen des 19. Jahrhunderts: »Gebt mir Bleistift und Papier, und ich werde die Welt wiederherstellen!«

Der klassische Determinismus

Diese großartigen Ambitionen finden sehr bald eine gültige Ausdrucksform, die den wissenschaftlichen Geist bis in unsere Tage hinein leiten wird. Schon in der ersten – sehr seltenen – Ausgabe seiner *Principia* (London 1687) formuliert Newton zwei Regeln:

1. Man darf für die natürlichen Dinge nur so viele Ursachen zulassen, wie der Wahrheit entsprechen und zugleich zur Erklärung der Phänomene hinreichend sind; denn die Natur ist einfach und verschwendet keine überflüssigen Ursachen.

2. Deshalb sind die Ursachen von natürlichen Wirkungen derselben Art dieselben.

All dies wird später noch vervollkommnet werden und ergibt den klassischen Determinismus; aber man erkennt bereits jene lineare Verknüpfung zwischen Ursache und Wirkung, die in den Naturwissenschaften so angemessen, in der Biologie und in den Humanwissenschaften jedoch so fehl am Platze ist. Alles, was sich morgen ereignen wird, hat heute eine Ursache, und eine hinreichend genaue Kenntnis der Ursache wird es erlauben, die Wirkung vorherzusagen. Die Entwicklung der statistischen Mechanik wird diese Auffassung von der Welt kaum erschüttern. Der Zufall resultiert nicht aus dem Nichtvorhandensein von Ursachen, sondern aus der Summe zahlreicher kleiner, voneinander unabhängiger Ursachen. So hegt man die Hoffnung, daß in Zukunft einmal eine noch gründlichere Analyse und noch wirksamere Rechenmethoden es erlauben werden, den verborgenen Determinismus in scheinbar zufallsbedingten Phänomenen aufzudecken, wobei selbstverständlich Gott – um Einstein zu zitieren – »nicht würfelt«. Inzwischen gestatten es die Wahrscheinlichkeitsrechnung und die statistischen Methoden, sich mehr als anständig aus der Affäre zu ziehen.

Das klassische Werkzeug, ausgefeilt und vollkommen, ist die Differentialgleichung. Sie ist die mathematische Sprache, in der sich der Determinismus ausdrückt. Wenn ein System von einer Differentialgleichung beherrscht wird, ist seine Entwicklung vollständig in seinem gegenwärtigen Zustand enthalten. Die vollständige Kenntnis dieses Zustandes erlaubt es, die Vergangenheit des Systems nachzuvollziehen und seine Zukunft vorauszusagen.

Eine Differentialgleichung ist eine in jedem einzelnen Augenblick gültige jeweilige Relation zwischen der Position eines beweglichen Körpers, seiner Beschleunigung und seiner Geschwindigkeit. Die Differentialgleichung integrieren oder lösen bedeutet, die Bahn des Körpers und seine Bewegung auf ihr abzuleiten.

Um diese Vorstellung verständlich zu machen, ist das erste Mittel geometrischer, ja literarischer Art und wird in unvollkommener Weise in Abbildung 11 dargestellt. Wir müssen uns dabei an Alexandre Dumas erinnern. Planchets glänzende Laufbahn im Dienste d'Artagnans begann ja damit, daß dieser, auf der Suche nach einem Diener, ihm auf der Brücke über die Tournelle begegnete, als er gerade ins Wasser spuckte, um Kringel zu erzeugen. Porthos behauptete steif und fest, diese Beschäftigung zeuge von einer tiefen und nachdenklichen Geistesart, und so nahm d'Artagnan ohne weitere Empfehlung Planchet in seine Dienste.

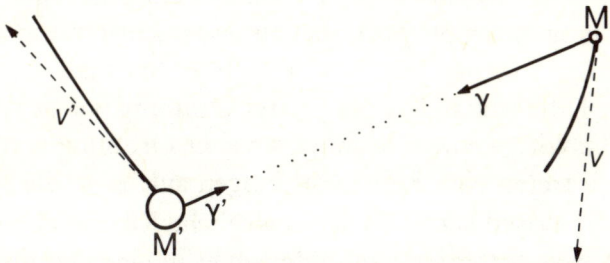

11 Die Newtonschen Gleichungen. Die beweglichen Punkte M und M' mit der Masse m bzw. m' bewegen sich zum Zeitpunkt der Beobachtung mit der Geschwindigkeit v bzw. v'. Wenn sie sich nicht gegenseitig anziehen würden, würden sie ihre Bewegung geradlinig und mit konstanter Geschwindigkeit fortsetzen (gestrichelte Linie). Nach dem Newtonschen Gravitationsgesetz ziehen sie sich aber an, wobei die Stärke der Kraft auf beide Massepunkte gleich groß ist. Doch äußert sich diese Kraft in unterschiedlichen Beschleunigungen, $\gamma = F/m$ und $\gamma' = F/m'$. Da nun $m' > m$, folgt $\gamma' < \gamma$, so daß die Bahn des schwereren Körpers M' weniger gekrümmt ist als die des Körpers M.

In der Tat ist es faszinierend, von einer Brücke aus die Strudel im Wasser zu beobachten, besonders, wenn diese sich nicht von der Stelle bewegen und der Fluß seine Rastlosigkeit unter der Unbeweglichkeit der Stromlinien versteckt. Wie verführerisch ist es unter diesen Umständen, diese verborgene Bewegung dadurch zu enthüllen, daß man irgend etwas auf die Wasseroberfläche wirft! Man kann sich sogar wissenschaftlichen Experimenten hingeben, indem man nacheinander zwei kleine Schiffchen an ein und derselben Stelle ins Wasser wirft und beobachtet, ob sie exakt denselben Weg nehmen. Die Differentialgleichung bestimmt die Richtung und die Kraft der Strömung an jedem gegebenen Punkt, während die Bahn eines mit dem Strom treibenden Gegenstandes einer Lösung der Gleichung entspricht.

Für minder poetische Geister, beispielshalber die Computer, die auch ein Wörtchen mitzureden haben, bleibt der Ausweg der Berechnung. Betrachten wir etwa einen beweglichen Körper, der sich auf einer Geraden fortbewegt, wobei er sich von einem festen Ausgangspunkt entfernt, und zwar so, daß seine Geschwindigkeit v zu jedem gegebenen Zeitpunkt umgekehrt proportional zu seiner Entfernung x vom Ausgangspunkt ist, also $v = 1/x$. Hier hat man eine sehr schöne Differentialgleichung erster Ordnung vor sich, während die vorige eine Gleichung zweiter Ordnung war, und sogleich treten eine Reihe von Fragen auf, u. a. die Frage, wie man wissen kann, ob der bewegliche Körper sich unbegrenzt weit entfernen kann oder ob er in einer bestimmten Entfernung zum Stillstand kommt.

Der Computer, der so weit nicht sehen kann, geht folgendermaßen vor. Er fragt nach der Position des Körpers im Anfangszeitpunkt $t = 0$. Sie wird ihm eingegeben als $x = 2$. Die Geschwindigkeit zu diesem Zeitpunkt ist also $v = 1/2$. Der Computer geht davon aus, daß diese Geschwindigkeit zwischen den Zeitpunkten $t = 0$ und $t = 1$ konstant bleibt (was in Wirklichkeit nur näherungsweise der Fall ist) und ermittelt $1/2$ als zurückgelegten Weg und $x_1 = 2 + 1/2 = 5/2$

als neue Position des Körpers. Die neue Geschwindigkeit zum Zeitpunkt t = 1 ist also 2/5, der zwischen t = 1 und t = 2 zurückgelegte Weg ist 2/5, und die neue Position x_2 = 5/2 + 2/5 = 2,9. Auf diese Art kann man näherungsweise die Positionen des beweglichen Körpers für die Zeitpunkte t = 0,1,2,3 … berechnen.

Nimmt man Schritte von 0,1 oder 0,01 anstelle der Einerschritte, erhält man noch bessere Näherungswerte. Die exakte Lösung lautet $\sqrt{2t + 4}$ für den Zeitpunkt t, d. h. also für den Zeitpunkt 1 nicht 2,5, sondern 2,45. Festzuhalten ist dabei die Idee, daß eine für jeden Zeitpunkt gegebene Beziehung zwischen der Position und der Geschwindigkeit

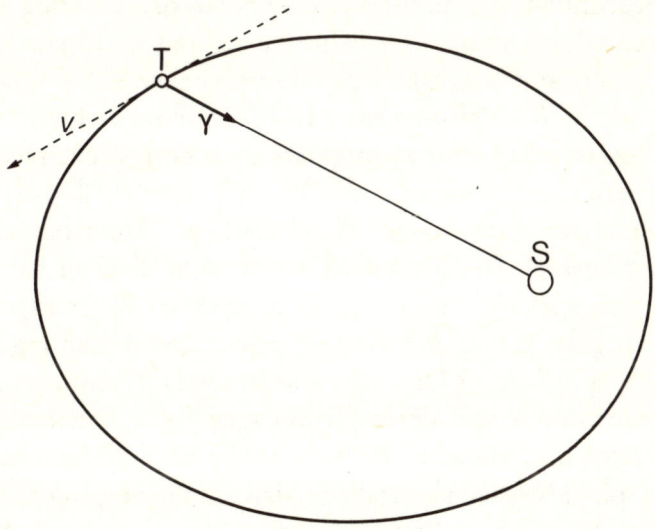

12 Integration der Newtonschen Gleichungen: Die Sonne S ist so massiv, daß ihre Eigenbewegung aufgrund der Gravitation vernachlässigt werden kann. Die Sonne wird als unbeweglich angenommen, während die Planeten sich unter dem Einfluß der Anziehungskraft der Sonne fortbewegen. Der Planet hat in jedem gegebenen Augenblick die Tendenz, in gerader Richtung davonzufliegen, doch gemäß den Newtonschen Gleichungen wird seine Bahn gekrümmt und seine Bewegung beschleunigt. Die Lösung der Gleichungen zeigt, daß die tatsächliche Bahn eine Ellipse mit der Sonne in einem der Brennpunkte ist.

die vollständige Bestimmung der einen wie der anderen erlaubt, vorausgesetzt, die Position im Anfangszeitpunkt t = 0 ist bekannt.

Das Urbild des Problems ist wieder einmal das Problem Keplers: die Beschreibung der Bewegung eines Planeten um die Sonne. Wenn man die Anziehungskraft einführt, und wenn man das Grundgesetz der Newtonschen Dynamik kennt – Kraft = Masse × Beschleunigung –, läßt sich dieses Problem auf eine Differentialgleichung zurückführen. Die Integration dieser Differentialgleichung ergibt genau die Keplerellipsen und den Flächensatz.

Eben dies hat Newton in seinen *Principia* getan. Um dorthin zu gelangen, mußte er eine neue wissenschaftliche Disziplin begründen, die mathematische Analysis, die fähig ist, Differentialgleichungen zu formulieren und zu lösen. Die technischen und begrifflichen Schwierigkeiten dabei waren beträchtlich. Wie definiert man die Momentangeschwindigkeit? Was ist »die Geschwindigkeit« eines beweglichen Körpers in einem gegebenen Zeitpunkt, wenn man weiß, daß ein Zeitpunkt *per definitionem* keine zeitliche Dauer hat und daß der bewegliche Körper daher gar nicht die Zeit haben wird, sich während eines solchen Zeitpunkts zu bewegen? Und wie gelangt man von einer momentanen Beziehung zu einer Gesamtlösung? Dies alles macht die Differential- und Integralrechnung aus, deren Grundlagen die sechzehnjährigen Jungen und Mädchen heute schon in der Schule lernen. Etwas später werden sie erfahren, daß die Lösung einer Differentialgleichung vollständig vom Anfangszustand bestimmt wird. Und man wird ihnen auf diese Weise, in Gestalt eines mathematischen Theorems, die Idee eintrichtern, daß Vergangenheit und Zukunft zur Gänze in der Konfiguration des gegenwärtigen Zeitpunkts enthalten seien.

Von nun an glauben alle, die sich der Differentialgleichung bedienen – und es gibt kein anderes mathematisches Werkzeug, das der Zeit Gestalt gibt –, die Ewigkeit im gegenwärtigen Augenblick zu besitzen. Der Forscher, der ein

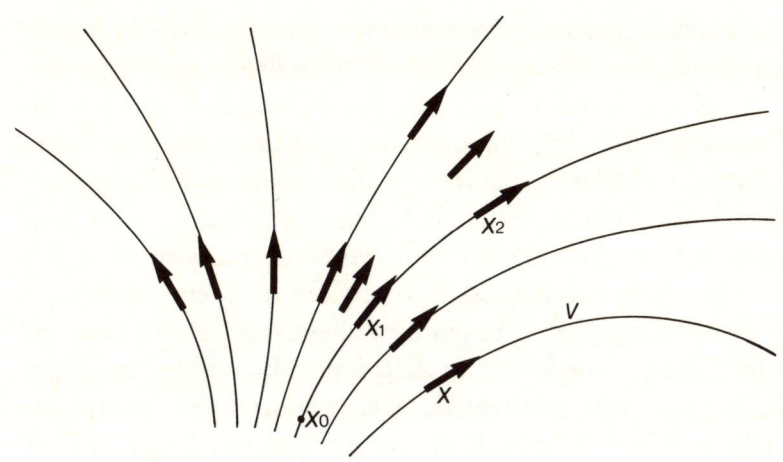

physikalisches System als Differentialgleichung darstellt, hat auf dem Papier die gesamte Evolution dieses Systems vor sich, vorausgesetzt nur, daß er dessen gegenwärtigen Zustand mit hinreichender Genauigkeit beobachten kann.

Besser noch: eingedenk des ersten und großartigsten Beispiels, nämlich der Lösung, die Newton für das Keplersche Problem gab, wird er damit rechnen, einfache und regelmäßige Bewegungen zu finden oder jedenfalls Annäherungen an diese. Diese Überzeugung setzt sich leicht in einem Kopf fest, dem die Keplerschen Gesetze als grundlegende Wahrheiten eingetrichtert worden sind, und wird durch Unterricht und Experiment verstärkt werden. Auch das Bildungs-wesen ist also Erbe einer Tradition, selbst in der Mathema-tik: Man gibt nur weiter, was man selbst kann, was gut ver-standen wird und vielerprobt ist, und übergeht stillschwei-gend die unklaren Punkte und die unbequemen Tatsachen. Daß die Lösung einer Differentialgleichung vollständig durch deren Anfangsbedingungen bestimmt wird, d. h. daß die Position und die Geschwindigkeit in jedem – künftigen oder vergangenen – Augenblick allein von der Position und der Geschwindigkeit zum Zeitpunkt Null abhängen: dieser Umstand steht mathematisch einwandfrei fest. Aber man läßt sich nie auf eine kritische Analyse der Implikationen dieses Umstandes ein: Bedingt er notwendigerweise eine ge-ordnete Bewegung oder ist er auch mit einem chaotischen Verhalten verträglich? Dafür häuft man Beispiele auf Bei-spiele, den vielfältigsten Situationen entnommen, in denen die ausgeführten Berechnungen tatsächlich ein regelmäßiges Gesamtverhalten zeigen, das von Fixpunkten und periodi-schen Bahnen durchsetzt ist. Der junge Forscher wird erst dann nützliche Arbeit getan zu haben glauben, wenn er sei-nen Kollegen ein Modell präsentieren kann, das jene Eigen-schaften der Regelmäßigkeit hat, die man erwartet. Damit trägt er dazu bei, das Reservoir an Beispielen zu vermehren und die ihn umgebende Ideologie zu verstärken.

In der wissenschaftlichen Forschung sind, wie anderswo auch, die Techniker zahlreich, aber die schöpferischen Gei-ster selten – jene, die wahrhaft fähig sind, Neues zu finden und die ausgetretenen Wege zu verlassen. Es ist nur allzu be-quem – und verführerisch –, ein Problem interessant zu fin-den, weil drei Viertel der Kollegen darüber arbeiten. Die wirklich fundamentalen und schwierigen Probleme jedoch, die kaum einen leichten Erfolg versprechen, haben für die berufsmäßigen Artikelschreiber wenig Reiz. Poincaré un-terschied zwischen dem Problem, das sich stellt, und dem Problem, das man sich selbst stellt. Gerade Poincaré war es nun, der die Kritik des klassischen Determinismus vornehmen und damit das moderne Zeitalter einleiten sollte. Er richtete seine destruktive Analyse nicht auf Randgebiete, sondern auf das gewaltigste Bollwerk des Newtonschen Gebäudes: die Himmelsmechanik.

2

Der zersprungene Kristall

Die unmöglichen Berechnungen

Das 19. Jahrhundert erlebt den spektakulären Siegeszug der Himmelsmechanik und jenes Weltverständnisses, an das sich von nun an die Bezeichnung »Determinismus« heftet. Lalande und Le Verrier gehen ins Pantheon der großen Franzosen ein. Die astronomischen Entdeckungen spalten die Nationen: die Engländer, die doch schon ihren Newton und ihren Halley haben, fangen sie dabei nicht einen bösen Streit mit unserem Le Verrier an, unter Berufung auf die Priorität eines gewissen Adams? Es ist phantastisch, ja geradezu atemberaubend, daß trockene Gelehrte neue Welten entdecken können, ohne die Studierstube zu verlassen oder auch nur die Nase von ihren Hieroglyphen zu heben. Der große Kolumbus stach einst mit drei Karavellen in See, unsicher, ob er die Heimat jemals wiedersehen würde, und stieß auf den Kontinent Amerika, den er für Indien hielt. Eine Zufallsentdeckung also, während die Entdeckungen unserer Astronomen gewollt, vorprogrammiert, berechnet sind.

Zauber des Rechnens! Neuzeitlicher Mythos vom Gelehrten, vom zerstreuten Professor, dem der Alltag mit seinen Sorgen nichts anhaben kann, weil er in seine Berechnungen vertieft ist – Daniel Düsentrieb oder Professor Bienlein, Hexenmeister über eine magische, wenngleich vertraute

Kraft. Denn rechnen können wir alle, und um so besser, je besser wir in der Schule aufgepaßt haben. Wir sind zwar weder ein Lalande noch ein Le Verrier, aber wir haben doch auch mit dem Werkzeug hantiert, das diese Männer so gut zu gebrauchen wußten, und wer weiß: vielleicht hätten auch wir es mit etwas größerer Ausdauer zu ebensolcher Meisterschaft gebracht wie sie?! So erscheint der wissenschaftliche Ruhm als Auszeichnung für einen Erwachsenen, als letzte, höchste Belohnung des guten Schülers. Aber selbst diejenigen, denen solcher Ruhm versagt bleibt, glauben sich doch befugt, mit dem Philosophen im »Faust« urteilen zu dürfen, »das Erst wär so, das Zweite so/Und drum das Dritt und Vierte so,/Und wenn das Erst und Zweit nicht wär,/Das Dritt und Viert wär nimmermehr.«

Doch leider ist in der ganzen Sache schon der Wurm drin. Die Säulen des prächtigen Tempels, der zum Ruhme Newtons errichtet ward, sie haben bereits Risse, und es sind diese von Anfang an vorhandenen Risse, die zum Einsturz des ganzen stolzen Bauwerks führen werden. Dabei waren sie alles andere als unsichtbar. Man mußte sie zwar aus größerer Nähe betrachten, aber man konnte sie sehen, wenn auch keine Abhilfe schaffen. Zunächst einmal waren die Berechnungen, diese famosen Berechnungen, lang – so lang, daß sie zwar ein einzelner Mensch durchführen konnte, daß es aber niemandem eingefallen wäre, sie zu verifizieren. Lalande beginnt seine Berechnungen im Juni 1757 und legt die Ergebnisse im November 1758 vor. Adams benötigt zwei Jahre, Le Verrier ein Jahr, um den Neptun zu entdecken. Es war klar, daß kein Mensch ein Jahr oder zwei Jahre seines Lebens dafür opfern würde, in diesen Berechnungen nach faulen Stellen zu suchen.

Schlimmer noch: diese so langwierigen Berechnungen waren möglicherweise falsch, jedenfalls wenig verläßlich. Der Durchgang des Halleyschen Kometen durch das Perihel trat einen Monat früher ein, als Clairaut und Lalande angegeben hatten. Ein Monat Abweichung, bezogen auf 75 Jahre (so lang dauert die Keplerperiode des Halleyschen Kometen) oder vielmehr auf 618 Tage (Periode der Störungen, die zu berechnen war): das ist nicht die Welt. Aber es setzt doch der Aussagekraft der Berechnungen Grenzen. Adams und Le Verrier geben für den Neptun unterschiedliche Bahnen an; diejenige des Franzosen ist besser, aber wirklich gut ist sie auch nicht. Er berechnet eine mittlere Entfernung des Neptuns von der Erde vom 35- bis 38fachen des Radius der Erdumlaufbahn und eine Periode von 207 bis 233 Jahren, während die wahren Werte 30 bzw. 164 lauten. Wenn Le Verrier seine Berechnungen vierzig Jahre früher oder vierzig Jahre später angestellt hätte (d. i. ein Viertel des Neptunjahres), wäre, worauf boshafte Geister gerne aufmerksam machen, die Abweichung so groß gewesen, daß es praktisch unmöglich gewesen wäre, den Planeten am Himmel wiederzufinden. Wie es in der *Astronomie populaire* (Flammarion, Ausgabe 1955) verschämt heißt: »Diese großen Nichtübereinstimmungen beunruhigten die öffentliche Meinung.«

Man machte sich bald daran, das Volk zum wahren Glauben zurückzuführen. Noch verhehlte man ihm das Schlimmste, um nicht böses Blut zu machen. Wie hatten Adams und Le Verrier z. B. ihre Berechnungen begonnen? Die Masse des störenden Planeten war ihnen absolut unbekannt: Sie hatten sie ganz einfach *geraten,* Augenmaß mal Daumenlänge durch zwei – wie ein schlechter Schüler, der nicht weiß, wie er seine Aufgabe lösen soll. Eben deshalb waren ihre Antworten auch so falsch: Adams hatte als Masse des Neptuns das 45fache der Erdmasse angenommen, Le Verrier das 32fache, während sie in Wirklichkeit das 17fache beträgt. Alle die vielgerühmten Berechnungen leisteten im Grunde nichts anderes, als die ursprüngliche Schätzung zu bemänteln. Man kann vielleicht sogar sagen: zu vernebeln. Das nenne ich mit dem Dach beginnen, wenn man ein Haus bauen will, was bei den Wissenschaftlern leider so Sitte ist.

Ich kann mich des Gedankens nicht erwehren, daß meine erlauchten Kollegen aus dem vorigen Jahrhundert, Mathematiker wie Astronomen, klüger daran getan hätten, nach den tieferen Gründen zu forschen, die die Berechnungen der Störungen so schwierig und deren Resultate so ungewiß machen, als unkritisch die Vorstellung zu verbreiten, das Gesetz der Gravitation und einige ähnliche Gesetze erlaubten es, alles zu erklären und alles vorherzusagen. Denn diese Möglichkeit ist rein theoretisch: Um von der Theorie zur Praxis zu gelangen, ist es notwendig, daß man imstande ist, die entsprechenden Berechnungen bis zu Ende durchzurechnen.

Das Prinzip der Störungstheorie ist nicht besonders schwierig. Benötigt man beispielsweise die wirkliche Umlaufbahn der Erde, so geht man zunächst von der Keplerellipse als erster Annäherung aus. Erweist sich diese als für das in Frage stehende Problem als unzureichend, berücksichtigt man die Anziehungskraft des größten Planeten, also Jupiters. Die durch ihn hervorgerufene Abweichung von der Keplerbewegung wird mit Hilfe zweier Vereinfachungen berechnet:

– Man läßt den umgekehrten Einfluß der Erde auf Jupiter unberücksichtigt, d. h., man geht davon aus, daß Jupiter seine Keplerbahn beschreibt, und vernachlässigt die durch die Anziehungskraft der Erde bewirkten Abweichungen;

– da die in Betracht kommenden Abweichungen definitionsgemäß gering sind, erlaubt man es sich, sie dadurch zu berechnen, daß man die Gleichungen entlang der in Betracht kommenden Keplerbahn linearisiert, so wie man in der Nähe eines gegebenen Punktes eine Kurve durch die durch diesen Punkt gehende Tangente ersetzt.

Bei diesen Berechnungen weiß man nicht wirklich, wie man sie durchführen muß. Wir haben von den glänzenden Erfolgen des 19. Jahrhunderts gesprochen. Das Aufkommen der Computer hat die Lage insofern verbessert, als jetzt auch eine sehr lange Berechnung, selbst wenn sie noch komplexer ist als die Berechnungen Lalandes und Le Verriers, nur mehr eine Sache von Stunden ist. Aber grundlegend verändert hat der Computer die Situation nicht. Die Voraussagen sind nur diesseits einer gewissen Genauigkeitsgrenze gültig, die man zwar vorverlegt hat, die aber noch immer erstaunlich nah ist. Und die Durchführung der Berechnungen ist nach wie vor eine sehr heikle Angelegenheit. So waren für das amerikanische Apolloprogramm ein erheblicher Rechenaufwand und die Entwicklung von ausgeklügelten numerischen Methoden notwendig, die sich hauptsächlich auf unsere zweihundertjährige Kenntnis der Himmelsmechanik stützten. Und all das, um die Bahn irgendeines Apparates in einer ganz unbedeutenden Gegend des Weltalls, irgendwo zwischen Erde und Mond, zu berechnen. Und dabei erwiesen sich die vorgenommenen Korrekturen an der berechneten Bahn als sehr nützlich!

Es bedarf schon der Macht der Gewohnheit, um sich mit dem Ungenügen der Himmelsmechanik abzufinden. Die grundlegenden Fragen bleiben seit den Zeiten Newtons unbeantwortet. Welche Umlaufbahn hat die Erde? Nähert sie sich nicht ganz allmählich der Sonne, um dort ihren Weg zu beenden? Oder entfernt sie sich Stück für Stück, um sich im interstellaren Raum zu verlieren? Kein Mensch weiß hierüber etwas. Die Keplerbahn ist nichts weiter als eine Annäherung, die gerade ausreicht, um eine Vorstellung von der Erdbahn im Verlauf einiger Jahre zu geben. Die Störungsrechnung, die die großen Planeten berücksichtigt, erweitert diesen Gültigkeitsbereich auf einige Jahrhunderte oder Jahrtausende. Für menschliche Begriffe ist das viel – man kann auf diese Weise die im Altertum beobachteten Finsternisse datieren –, für astronomische Begriffe ist es nichts. Weder die Vergangenheit noch die Zukunft des Sonnensystems sind für uns irgendwie faßbar.

Eine andere Frage, auf die es noch keine Antwort gibt: Wie kommt die Feinstruktur der Saturnringe zustande? Sie sind flach und mehr oder weniger glänzend und voneinander durch dunkle Zwischenräume getrennt, deren wichtigster der Cassini-Streifen ist. Man weiß seit langem, daß die Ringe

Ein Teil der Saturnringe, photographiert am 17. August 1981 von der Raumsonde *Voyager 2* aus 8,9 Millionen Kilometer Entfernung. Man erkennt auf dem Bild Dutzende von hellen und dunklen Ringen von sehr unterschiedlicher Zusammensetzung. (coll. PPP/IPS.)

nicht aus einem Stück sind, sondern aus einer Unzahl einzelner Partikeln bestehen, die gemeinsam um den Saturn kreisen. Man weiß ferner, daß die Anziehungskraft des Saturns nicht die einzige Kraft ist, die auf sie wirkt: Der (nicht-elastische) Stoß zwischen Partikeln spielt eine wichtige Rolle, insbesondere für die Abflachung des Saturnringes. Aber woher kommen die Zwischenräume?

Die Frage ist heftig umstritten. Die meisten Fachleute stimmen darin überein, daß diese Lücken auf Störungen zurückzuführen sind, die von den Gravitationsfeldern der großen Saturnmonde hervorgerufen werden. Hingegen streiten sich die Gelehrten darüber, auf welche Weise diese Störungen die beobachteten Phänomene hervorbringen könnten. Die einen sehen Resonanzen dort, wo die anderen keine sehen; was für den einen vernachlässigbar ist, ist es für den anderen nicht usf. Inzwischen ist Neues sichtbar geworden. Die amerikanischen Raumsonden *Voyager 1* und *Voyager 2* haben uns nicht nur drei, sondern Hunderte von ineinanderliegenden, z. T. sogar zopfartig verflochtenen Saturnringen gezeigt, bis hinein in den berühmten Cassini-Streifen, wo man mittlerweile ein Gewimmel und Gedränge beobachtet wie auf der Pariser Place de l'Étoile im dichtesten Berufsverkehr. Man findet in diesen Ringen alles, kleine Monde mit einem Durchmesser von mehreren Kilometern und Kiesel von einigen Zentimetern, und niemand blickt mehr durch.

Aber zum Glück bleiben uns ja noch die Berechnungen, und wenn unsere Astronomen nicht wissen, wie sie sie durchführen sollen, so haben wir doch die famosen, teuren Computer, die das schon machen werden. Man braucht nichts weiter zu tun, als kleine Partikeln auf einer Ebene rund um den Saturn zu verteilen, die großen Saturnmonde zu placieren, alles in die Maschine einzufüttern und auf den Knopf zu drücken. Mit Sicherheit wird man nach und nach sehen, wie die Ringe entstehen und die Feinstruktur hervortritt. Man wird sogar einen lehrreichen Film daraus machen können, ganz dazu angetan, uns in Staunen zu versetzen.

Leider Gottes muß man diesen Höhenflug bremsen. Die Leute, die sich an derartige Berechnungen heranmachen, haben bereits ihre finanziellen Möglichkeiten ausgeschöpft (die Berechnungen wollen ja bezahlt sein), bevor sie noch die ersten Teilergebnisse auf ihrem Computer beobachten können. Um diese Fehlanzeige zu erklären, verweist man gern auf den enormen Zeitaufwand, der erforderlich wäre, um wahrnehmbare Ergebnisse zu erzielen: Der Maßstab astronomischer Zeiten wäre einfach zu groß. Das nenne ich, der Natur die Verantwortung für unsere eigene Unzulänglichkeit zuschieben! Das bedeutet für uns, die Vergeblichkeit von Berechnungen in der Himmelsmechanik anzuerkennen. Dennoch ist dies nicht der eigentliche Grund dafür, daß diese Berechnungen so schlecht funktionieren.

Das Werk Poincarés

In dem bedeutendsten Werk Henri Poincarés (1854–1912) steht die Himmelsmechanik an bevorzugter Stelle. Sie trug ihm sogar die höchsten Ehren ein: Er erhielt für seine 1889 geschriebene Abhandlung *Sur le problème des trois corps et les équations de la dynamique* einen eigens für diesen Anlaß gestifteten Preis von König Oskar II. von Schweden. Nobelpreise gab es damals noch nicht, und die Sache erregte großes Aufsehen. Die zwischen 1892 und 1899 erschienenen drei Bände der *Méthodes nouvelles de la mécanique céleste* werden noch heute pflichtschuldigst zitiert, aber selten gelesen.

Man muß sagen, daß die Himmelsmechanik ein erstklassiges Gelände war, um jene Geschütze aufzufahren, die Poincaré später gegen andere Festungen wie etwa die Geometrie der Flächen oder die Klassifikation der Differentialgleichungen richtete. Poincaré, der ein unvergleichlicher Rechner war, beginnt damit, daß er seine Berechnungen so weit wie nur irgend möglich vorantreibt. An den Grenzen angekommen, unternimmt er einen kritischen Rückblick auf den zurückgelegten Weg und versucht sodann, den vor ihm sich ausbreitenden Nebel zu durchdringen. Dabei entdeckt er zahlreiche Unebenheiten des Geländes.

An dieser Grenze des Wissens bedarf es einer neuen Sichtweise. Man versucht, die präzisen, aber begrenzten quantitativen Methoden durch qualitative Methoden zu ersetzen, die zwar weiter tragen, aber ein weniger deutliches Bild liefern. Daß Poincaré ein Meister der ersteren und zugleich der Erfinder der letzteren war, macht seine historische Bedeutung aus. So wird er zum scharfsinnigen Kritiker der quantitativen und zum großen Vorläufer der qualitativen Methoden. Ist nicht schon der Titel seines großen Werkes bezeichnend? Wenn es neue Methoden gibt: wer wird sich noch um die alten kümmern?

Die Kritik Poincarés richtet sich (ohne daß er selbst sie anscheinend so weit hat treiben wollen) gegen die Vorstellung, daß ein quantitatives Modell, und sei es noch so präzise und genau, die Vorhersage der Zukunft erlaube. Es sind die Grundlagen des deterministischen Credos selbst, die auf diese Weise unterhöhlt werden, und man begreift, daß Poincaré seinerzeit nicht sämtliche Schlußfolgerungen, die sich aus seiner Kritik ergaben, hat ziehen mögen.

Auch versteckt er sie klugerweise in dem Spezialgebiet der Himmelsmechanik und verbirgt sie dort hinter einer mathematischen Fachsprache. Er begnügt sich mit dem Nachweis, daß die Gleichungen der Dynamik nicht vollständig integrierbar sind und daß die zu ihrer näherungsweisen Lösung verwendeten Reihen alle divergent sind.

Um zu verstehen, was das heißt, muß man sich zunächst fragen, was man von einer vollständigen Lösung, etwa des Dreikörperproblems, überhaupt erwartet. Wenn drei materielle Punkte gegeben sind, deren Position und Anfangsgeschwindigkeit bekannt sind und die sich nach dem Newtonschen Gravitationsgesetz anziehen, so handelt es sich darum, die Position der drei Körper für einen gegebenen künftigen (oder vergangenen) Zeitpunkt zu berechnen. Man möchte einen mathematischen Ausdruck haben, der vom Zeitpunkt t und den Anfangsbedingungen abhängt; die gesuchte Konfiguration der Körper soll aus ihm dadurch ableitbar sein, daß man für die Variable t den uns interessierenden Wert einsetzt. In diesem Sinne bestimmt die Gleichung $x = \sin t$ eindeutig den Wert von x als Funktion von t; wenn ich z. B. Lust haben, den Sinus von 10 zu erfahren, zücke ich meinen Taschenrechner, tippe die 10 ein und drücke auf die Taste »sin«, worauf ich den Wert $-0,54402111$ erhalte. Das ist eine Abhängigkeit [hier in der Form $x = f(t)$] von jener Art, wie wir sie suchen – freilich etwas kompliziert durch den Umstand, daß man neun Zahlen anstelle einer einzigen braucht, um die Position von drei Punkten im Raum zu beschreiben. Eine vollständige Lösung des Dreikörperproblems würde sich demnach zusammensetzen aus neun Relationen $x_1 = f_1(t)$, ..., $x_9 = f_9(t)$, die es erlauben würden, durch einfaches Einsetzen von t die Positionen der Körper für jeden beliebigen Zeitpunkt zu berechnen.

Poincaré zeigt, daß eine derartige Lösung nicht existiert. Wohlverstanden, wir bestreiten weder, daß es eine Beziehung zwischen der Zeit und der Konfiguration der Körper gibt, noch, daß jene Beziehung diese Konfiguration vollständig bestimmt. Wir geben zu, daß man, wenn es gelänge, dieselben Ausgangsbedingungen *exakt* zu reproduzieren, *exakt* dieselbe Bewegung beobachten würde, d. h. zu denselben Zeitpunkten dieselben Konfigurationen. Was zur Diskussion steht, ist vielmehr die Frage, ob es uns armen Sterblichen wirklich möglich ist, diese Relation herauszuarbeiten und sie vollständig und genau in berechenbare und also brauchbare Ausdrücke zu übersetzen. Gewiß, man kann etliche Schritte tun, man kann in dieser Richtung mitunter sogar ziemlich weit vordringen, aber ans Ziel gelangen kann man nicht. Das Newtonsche Modell der Himmelsmechanik birgt in sich eine Wahrheit, die uns für immer teilweise verschlossen bleiben wird.

Die Tatsache, daß es keine vollständige Lösung des Drei-körperproblems gibt, bedeutet also, daß es keine wirklich berechenbare Lösung für alle Werte von t gibt. Das mag all jenen Lesern merkwürdig vorkommen, die auf dem Gymnasium mit Funktionen gearbeitet haben und sich erinnern an t^2, $1/t$, sin t, cos t, e^t, kurzum an das, was man die elementaren Funktionen nennt. Man kannte genau ihr Verhalten für die großen Werte von t, und man konnte sie stets so weit berechnen, wie man es brauchte. Das Pech ist nur, daß die Liste der elementaren Funktionen sehr kurz ist (es sind jene, die auf allen wissenschaftlichen Taschenrechnern vorkommen): rationale und trigonometrische Funktionen, Exponentialfunktionen und natürlich deren Kombinationen. Für die Wissenschaftler gibt es darüber hinaus noch die sog. speziellen Funktionen, aber das ist auch alles.

Das erste Resultat Poincarés besteht darin, daß sich die Relation zwischen dem Zeitpunkt und den Positionen im Dreikörperproblem gerade nicht mit Hilfe der elementaren Funktionen ausdrücken läßt. Dieses erste negative Resultat ist allerdings noch nicht entscheidend. Die elementaren Funktionen haben nämlich nichts Magisches an sich. Es zeigt sich, daß es bequeme und praktisch brauchbare Methoden zur Berechnung ihrer Werte gibt. Es sind dies die bekannten Formeln:

$$e^t = 1 + t + t^2/2 + t^3/6 + t^4/24 + t^5/120 \ldots$$
$$\cos t = 1 - t^2/2 + t^4/24 + t^6/720 - \ldots$$

Die unendlichen Summen auf der rechten Seite der Gleichungen nennt man Reihen. Man sagt, sie seien »konvergent«, um zum Ausdruck zu bringen, daß sie tatsächlich zur Berechnung der linken Seite der Gleichung dienen können. Das ist das Verfahren, das der Taschenrechner anwendet. Man könnte daher auf den Gedanken kommen, das Problem abzukürzen: Anstatt zu versuchen, die neun Relationen x = f(t) mit Hilfe der elementaren Funktionen auszudrücken, würde es reichen, sie direkt in Form von Reihen wie den eben gezeigten zu erhalten:

$$x = a_0 + a_1t + a_2t^2 + a_3t^3 + \dots$$

In solchen Reihen würden die aufeinanderfolgenden Koeffizienten a_0, a_1, a_2, ... nach und nach so bestimmt, daß $x = f(t)$ die Gleichungen des Dreikörperproblems erfüllt.

Das zweite Resultat Poincarés ist, daß die Reihen, die man auf diese Weise erhält, divergent sind, d. h., daß die auf der rechten Seite stehenden unendlichen Summen unbegrenzt anwachsen. Man kann sie daher nicht dazu verwenden, um die Lösung des Dreikörperproblems zu definieren und zu berechnen.

Das Verfahren behält nichtsdestoweniger einen gewissen Wert, um Störungsrechnungen durchzuführen, die für einen nicht zu langen Zeitraum gelten. Auf der Grundlage dieses Verfahrens sind bis heute unzählige Arbeiten verfaßt worden, und auch Poincaré selbst hat hier einen großen Beitrag geleistet. Nach seinen eigenen Worten hat die Divergenz der entstandenen Reihen »zunächst wenig zu sagen, da man sicher sein kann, daß die Berechnung der ersten Ausdrücke eine sehr befriedigende Näherung liefert; es ist aber nichtsdestoweniger wahr, daß diese Reihen nicht geeignet sind, eine unbegrenzte Näherung zu liefern. Es wird daher ein Augenblick kommen, wo sie nicht mehr ausreichen. Außerdem sind gewisse theoretische Schlußfolgerungen, die man aus der Form dieser Reihen zu ziehen versucht sein könnte, aufgrund der Divergenz dieser Reihen nicht zulässig. Das ist der Grund, weshalb sie nicht zur Lösung der Frage nach der Stabilität des Sonnensystems dienen können.«

Poincaré weist also dem Nichtberechenbaren einen unveräußerlichen Platz mitten im strengsten und ehrgeizigsten mathematischen Modell zu, das wir kennen: dem Newtonschen Universum. Es wird immer Ereignisse geben, die sich der Voraussicht entziehen; manche unter ihnen sind sogar von großer Tragweite, wie etwa die Zukunft des Sonnensystems. Aber die Mathematik macht weiter, auch wenn die Berechnungen zum Stillstand kommen. Die Grenze des Quantifizierbaren ist nicht die Grenze der Mathematik: Mit Hilfe neuer Methoden, die nicht mehr quantitativ, sondern qualitativ sind, trachtet man weniger danach, unter allen Umständen exakte Voraussagen zu treffen, als sich vielmehr eine allgemeine Vorstellung vom Möglichen zu bilden.

Bevor wir zu diesem Punkt kommen, kehren wir noch einmal zum kritischen Aspekt des Poincaréschen Werkes zurück. Im ersten Teil, den wir eben untersucht haben, zeigt er, daß gewisse physikalische Ereignisse nicht berechenbar und damit vorhersagbar sind. In einem zweiten Teil zeigt er noch mehr: Gewisse vom mathematischen Modell vorausgesagte Ereignisse treten in der physikalischen Realität nicht ein!

Ein einfaches (und fiktives) Experiment wird uns dies einsichtig machen. Wir haben ein luftdichtes Gefäß, das durch eine Trennwand in zwei Kammern geteilt wird. Die eine Kammer ist leer, die andere mit Gas gefüllt. Nun durchbohren wir diese Trennwand: Sogleich strömt das Gas von der einen Kammer in die andere hinein, bis der Druckausgleich hergestellt ist. Von diesem Augenblick an hört der Gasaustausch auf, und jeder, der mit eigenen Augen das Gas spontan von einer Kammer in die andere zurückströmen sähe, würde gewiß glauben, einem Wunder beizuwohnen.

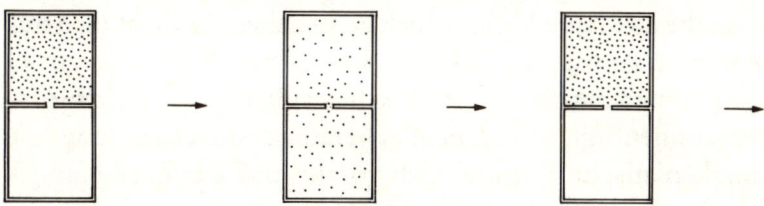

14 Die sich immer wiederholende Bewegung. Nach Poincaré kehrt das einmal freigesetzte Gas unendlich oft an seinen ursprünglichen Ort im oberen Teil des Gefäßes zurück.

Für diesen physikalischen Sachverhalt gibt es ein allgemein anerkanntes mathematisches Modell. Man betrachtet das Gas als Ansammlung von Molekülen, die wie Kugeln zusammenstoßen. Das System wird durch die Position und die Geschwindigkeit jedes einzelnen Moleküls beschrieben. Ein berühmtes Resultat Poincarés, sein Wiederkehrtheorem, bezieht sich auf diesen Sachverhalt und zeigt, daß das System in die unmittelbare Umgebung seiner ursprünglichen Konfiguration zurückkehren wird. Mehr noch: es wird sogar unendlich viele Male dorthin zurückkehren!

Das Modell sagt also voraus, daß sich die erste Kammer, die zunächst ganz mit Gas gefüllt war, völlig in die zweite Kammer entleeren wird, um sich sodann wieder von neuem zu füllen – und so fort, bis in alle Ewigkeit. Eine Erscheinung, die der physikalischen Erfahrung derart widerspricht wie diese, kann man nur als Paradoxon betrachten. Die Lösung dieses Paradoxons liegt in der für die Vollendung eines solchen Zyklus notwendigen Zeit. Das Zeitintervall zwischen zwei aufeinanderfolgenden Füllungen läßt sich berechnen, wobei sich herausstellt, daß es das Alter der Sonne bei weitem übertrifft. Das erklärt auch, warum die vorausgesagten Zyklen schwer zu beobachten sind.

Auf diese Weise liefern uns die Mathematiker eine originelle Methode, um eine Reifenpanne zu beheben: Man braucht nur darauf zu warten, daß der Reifen sich spontan von selbst wieder füllt. In diesem Sinne ist es auch nicht weiter schlimm, zu viel Zucker in den Kaffee getan zu haben. Um dieses kleine Mißgeschick zu beheben, braucht man nur geduldig zu warten, daß jenes Stück Zucker, das man zuviel genommen hat und das inzwischen aufgelöst ist, sich wieder zusammenfügt, so daß man es herausnehmen kann. Sagt die mathematische Theorie doch voraus, daß das Zuckerstückchen sich ebenso gewiß wieder zusammensetzen wird, wie es sich aufgelöst hat und wie der Reifen mit dem Loch sich wieder mit Luft anfüllen wird!

Wer in diesem Experiment nur ein amüsantes Paradoxon

sieht, irrt sich freilich gründlich. Es vollendet die Kritik Poincarés, die uns einerseits exakte, aber nicht vorhersagbare Modelle vorführt, andererseits aber Modelle, die das Unmögliche mit Sicherheit voraussagen. So bereitet sie den Weg für Modelle eines neuen Typs, welche Möglichkeiten aufzeigen, die in großer Zahl in der Zukunft vorhanden sind, ohne angeben zu können, welche von ihnen nun wirklich das Licht der Welt erblicken werden. Zwischen diesen qualitativen Modellen und den quantitativen Modellen besteht ganz derselbe Unterschied wie zwischen einer Skizze und einer Berechnung.

Es ist Poincaré gewesen, der die qualitativen Methoden in die Theorie der Differentialgleichungen eingeführt hat. Auf dem speziellsten Gebiet der Himmelsmechanik, der Untersuchung von gekoppelten Bewegungsgleichungen, hat er die Komplexität der Bewegung dadurch hervorgehoben, daß er gewisse einzelne Bahnen sowie die Verhältnisse in ihrer unmittelbaren Umgebung analysierte. Er hat auf diese Weise Verhältnisse von ungeahnter Komplexität entdeckt und nachgewiesen, daß die gekoppelten Bewegungsgleichungen zu extrem unregelmäßigen Bewegungen führen können und daß diese letztlich eher die Regel als die Ausnahme sind. Unter der scheinbaren – makroskopischen – Regelmäßigkeit der Keplerschen Näherung hat Poincaré eine Unzahl von mikroskopischen Zufällen nachgewiesen, so wie ein Teilchen, das in Ruhestellung zu sein scheint, unter dem Mikroskop ein feines Zittern, die sogenannte Brownsche Molekularbewegung, erkennen läßt.

Wir wollen anmerken, daß die von Poincaré gewählten Bezugsbahnen – diejenigen, in deren Umgebung er seine Analyse unternommen hat – meistens periodisch sind. Es sind solche, die nach Ablauf einer mehr oder weniger langen Zeit T, der sogenannten Periode, wieder in sich selbst zurücklaufen. Anders ausgedrückt, eine Bahn ist T-periodisch, wenn der Körper, der diese Bahn beschreibt, in den Abständen T exakt wieder dieselben Stellen passiert. So ist etwa die Umlaufbahn der Erde in Keplerscher Näherung periodisch, und zwar mit einer Periode von einem Jahr. Sie ist es aber wahrscheinlich nicht mehr (man weiß darüber nichts, außer daß diese Periode sehr lang sein müßte), wenn man die Störungen der Erdbahn durch die Planeten berücksichtigt.

In seiner anschaulichen Sprache, die den heutigen Wissenschaftlern abhanden gekommen ist, erklärt Poincaré: »Was diese periodischen Lösungen für uns so wertvoll macht, ist der Umstand, daß sie gleichsam die einzige Bresche sind, durch welche wir in eine bisher als uneinnehmbar geltende Festung einzudringen versuchen könnten.« Sie haben in der Tat zwei Vorteile: man vermag die in ihrer Umgebung herrschenden Verhältnisse zu beschreiben, und man vermag sie zu berechnen. Diesen letzteren Punkt möchte ich besonders betonen, denn er schließt an unsere früheren Überlegungen an. Wie kann man explizit eine Relation $x = f(t)$ angeben, die für sämtliche Werte von t, auch für sehr große, gültig ist? Wenn man weiß, daß f T-periodisch ist, genügt es, die Relation zwischen den Zeitpunkten 0 und T, d. h. einem endlichen Intervall, zu geben: Man kann sie dann leicht für alle anderen Werte von t ableiten. Und deshalb sehe ich auf meinem Taschenrechner, wenn ich »1000« eingegeben und dann auf die Sinustaste gedrückt habe, lediglich den Buchstaben E (Error). Will ich jedoch wirklich den Sinus von 1000 wissen, genügt es, 1000 durch die Periode 2π zu teilen und den Sinus vom Rest zu errechnen, wonach ich 0,82687954 erhalte. Im Prinzip sind also die *periodischen* Lösungen des Dreikörperproblems der Berechnung zugänglich. Doch selbst wenn man diese alle kennen würde, was bei weitem nicht der Fall ist, würde man daraus nicht eine einzige vollständige Lösung des Dreikörperproblems ableiten können, da dieses Problem zahlreiche andere Lösungen (neben den periodischen) hat.

Um die Verhältnisse in der Umgebung einer periodischen Bezugsbahn bequem beschreiben zu können, geht man folgendermaßen vor. Die gewählte periodische Bahn, nennen

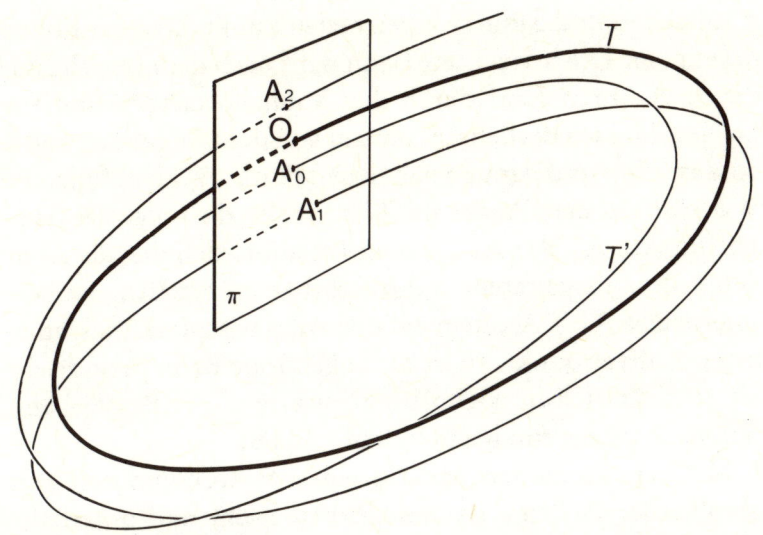

15 Die Situation in der Umgebung einer periodischen Bahn T.

wir sie T, ist eine geschlossene Kurve im dreidimensionalen Raum. Man schneidet sie transversal mit einer vertikalen Ebene π, die mit T an einem Punkt zusammentrifft, den wir 0 taufen (sowie an einem oder mehreren anderen Punkten, die uns hier nicht interessieren). Ist jetzt T' eine zu T benachbarte Bahn, so trifft sie mit π in den zu 0 benachbarten Punkten A_0, A_1, A_2, … zusammen. Diese Punkte bilden eine unendliche Folge, es sei denn, die Bahn T' ist selbst auch periodisch. Der Gedanke dabei ist, die Bahn T' zu ersetzen durch die Folge der Punkte, an denen sie auf die Ebene π auftritt. Man geht also zu einer zweidimensionalen Situation über, die sich bequem graphisch darstellen läßt.

M. a. W., man stellt sich vor, daß das Blatt Papier die Ebene π und daß der Punkt 0 der Schnittpunkt der periodischen Bezugsbahn mit π ist. Nimmt man jetzt einen anderen Punkt A_0 in der Ebene, so wird die von A_0 in den Raum austretende Bahn in der Umgebung von 0 wieder auf die Ebene

π auftreffen und dadurch einen neuen Punkt A_1 in der Ebene definieren. Die betrachtete Bahn wird nach dem Durchgang durch A_1 ihren Lauf durch den Raum fortsetzen und ein zweites Mal wiederkehren, um auf π in der Umgebung von 0 aufzutreffen und damit einen neuen Punkt A_2 zu definieren. Was man auf dem Papier abbildet, ist also die Folge der Auftreffpunkte A_0, A_1, A_2 ..., die es erlaubt, sich die aus A_0 in den Raum ausgetretene Bahn sichtbar zu machen. Ist beispielsweise $A_0 = A_n$, dem auf den Ausgangspunkt fallenden n-ten Auftreffpunkt, so ist die zugehörige Bahn periodisch: Sie schließt sich in n Umläufen, während die Bezugsbahn sich nach einem einzigen Umlauf schließt.

Mit den modernen Mitteln eines Mikrocomputers mit graphischer Anzeige ist diese Arbeit leicht und unterhaltsam. Der Leser ist eingeladen, sich selbst daran zu versuchen und die Transformation $A_n \rightarrow A_{n+1}$ auf der durch die Koordinaten (x, y) gekennzeichneten Ebene π in folgender Weise zu definieren:

$$x_{n+1} = x_n \cos \alpha - (y_n - x_n^2) \sin \alpha$$
$$y_{n+1} = x_n \sin \alpha + (y_n - x_n^2) \cos \alpha$$

Dabei ist der Winkel α ein beliebig festlegbarer Parameter. Dieses einfache und berühmte Beispiel (Hénon 1969) hat den Vorteil, daß es ohne die Berechnung des Bahnabschnittes zwischen A_n und A_{n+1} im Raum auskommt. Besser gesagt: diese Berechnung ist bereits durchgeführt worden, und ihr Ergebnis hat sich in den Formeln Hénons niedergeschlagen.

Die hier abgebildeten Figuren (16 und 17) zeigen eine typische Situation in der Umgebung einer periodischen Bahn, die durch den Punkt 0 dargestellt wird. Sie sind für den Wert $\alpha = 76{,}11°$ in Hénons Formel und für verschiedene Ausgangspunkte gezeichnet.

In der ersten Figur sind gleichzeitig mehrere Bahnen abgebildet. Die drei Ringe in der Mitte gehören zu drei verschiedenen Bahnen. Beim innersten Ring liegen die Auftreffpunkte so dicht beieinander, daß sie die Illusion einer kontinuierlichen Kurve erwecken. In dem Maße, wie man sich von 0 entfernt, liegen die Auftreffpunkte weiter auseinander, und die »Kurve« verliert ihre Prägnanz, um sich zuletzt gänzlich aufzulösen. Die haloähnliche Punktreihe, die die Figur umgibt, besteht aus den Auftreffpunkten einer einzigen Bahn, und zwar der äußersten. Zwischen dieser und den innersten Bahnen liegt ein mittlerer Bereich, wo wir merkwürdige, ja bizarre Phänomene antreffen.

Man erkennt dort fünf kleine »Inseln« mit den Gipfeln S_1, S_2, S_3, S_4, S_5, die durch fünf Sattelpunkte C_1, C_2, C_3, C_4, C_5

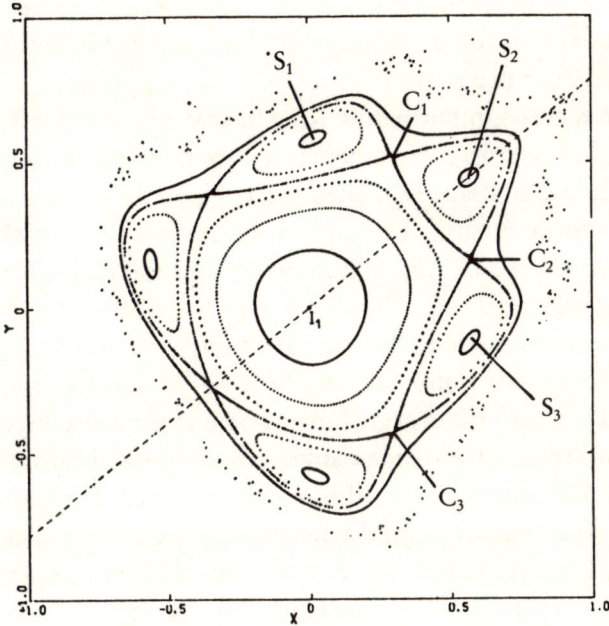

16 Diese Figur zeigt eine Computerberechnung auf der Grundlage der Hénonschen Formeln. Sie scheint eine saubere Aufteilung zu geben in einen Innenbereich, in dem Regelmäßigkeit herrscht, und einen äußeren Bereich, in dem die Bahnen zufällig erscheinen. Das ist jedoch nur scheinbar so, wie die folgende Abbildung zeigt. (Nach: *Topics in Nonlinear Dynamics. A Tribute to Sir Edward Bullard.* New York: American Institute of Physics 1978.)

voneinander getrennt sind. In jeder der Inseln werden die »Höhenlinien«, die gegen den Gipfel hin immer prägnanter hervortreten, von den sukzessiven Auftreffpunkten einer Bahn gebildet. Man sieht daher, wie sich rund um jeden Gipfel jene Struktur wiederholt, die man um 0 hatte, mit dem Unterschied, daß alles fünfmal mehr Zeit beansprucht. Eine Bahn, die von einem Punkt in der Umgebung von S_1 ausgeht, wird daher zunächst einen Punkt in der Umgebung von S_2 treffen, dann von S_3, S_4 und S_5, bevor sie in die Umgebung von S_1 zurückkehrt. Sie wird dabei gleichzeitig fünf »Höhenlinien« konstruieren, je eine auf jeder Insel. Insbesondere wird die von S_1 ausgegangene Bahn durch S_2, S_3, S_4, S_5 gehen und dann wieder durch S_1. Sie ist daher periodisch, wobei die Periode das 5fache der Bezugsperiode beträgt.

Auch die Sattelpunkte C_1, C_2, C_3, C_4, C_5 gehören zu einer periodischen Umlaufbahn. Man findet also in der Umgebung der Bezugsbahn einen inneren Bereich, in dem das Verhalten der Bahn regelmäßig ist, einen äußeren Bereich, wo es unregelmäßig ist, und einen mittleren Bereich, der zwei periodische Umlaufbahnen mit fünfmal so großer Periode enthält.

Indessen ist man noch weit davon entfernt, die Komplexität der Situation ganz ausgeschöpft zu haben. Die folgende Abbildung ist eine Vergrößerung: sie stellt die Umgebung des Punktes C_2 in einem zwanzigmal kleineren Maßstab dar. Die Punkte, die man als Wolke sieht, gehören alle zur selben Bahn. Man erkennt eine Feinstruktur, die beim vorherigen Maßstab nicht auszumachen war: Die scheinbar prägnanten Linien lösen sich zu einem Band von Punkten auf, das von einem Kranz von Inseln durchsetzt ist. Eine noch weitere Vergrößerung würde zeigen, daß jede dieser Inseln in vermindertem Maßstab die Gesamtstruktur der vorherigen Figur in der Umgebung des Punktes 0 wiederholt. Jede Insel ist ein Mikrokosmos, ein getreues Abbild des Ganzen: Sie birgt daher in sich weitere, noch kleinere Inseln, die ihrerseits die Gesamtstruktur widerspiegeln, usf.

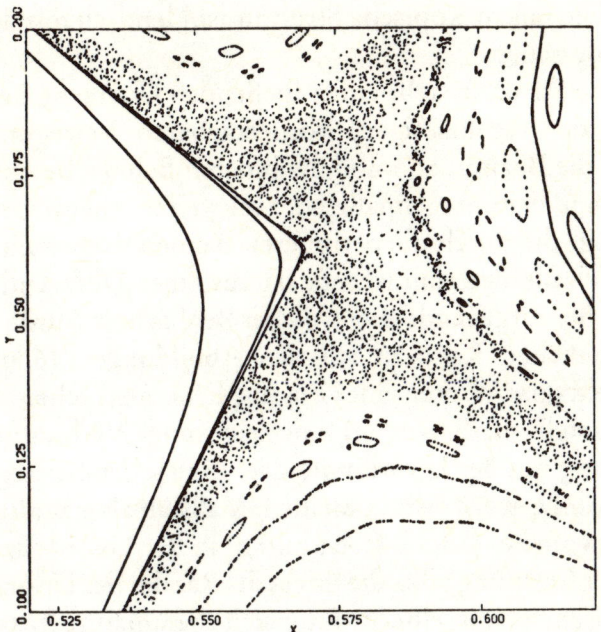

17 Vergrößerung der Umgebung des Punktes C_2 von Abbildung 16. Die dargestellten Punkte gehören zu einer einzigen Bahn. Man erkennt das Hervortreten einer Feinstruktur, die aus Inseln der Ordnung in einem Meer des Chaotischen besteht. (*Quelle:* siehe Abbildung 16.)

Man erkennt also eine außerordentlich komplexe, hierarchisch gegliederte Struktur, die man in unterschiedlicher Weise betrachten kann. Man kann sie mit einem Schwamm vergleichen, der von Löchern jeder Größenordnung strukturiert wird. Man kann auch an jene Anzeigen denken, auf denen jemand auf eine Anzeige zeigt, auf welcher dieselbe Person auf dieselbe Anzeige zeigt, oder an jene Spiegel, die einander gegenüberstehen, so daß der Betrachter sein eigenes Spiegelbild unendlich oft wiederholt sieht, wobei die Folge der Spiegelbilder auf einen Fluchtpunkt zuläuft. Es gibt auch jene ineinandergesteckten Puppen, die man als Souvenir aus der Sowjetunion mitbringt. Die Abbildungen 16 und 17 enthalten ihr eigenes Bild in verkleinertem Maßstab. Die mikroskopische Struktur ist identisch mit der makroskopischen.

Diese Struktur stellt einen fließenden Übergang her zwischen der regelmäßigen, vorhersagbaren Bewegung, die durch die Bezugsbahn und die inneren Bahnen beschrieben wird, und der unregelmäßigen, ruckweisen, chaotischen Bewegung, die durch die peripheren Bahnen dargestellt wird. Sie sind alle deterministisch, da aus einer Differentialgleichung hervorgehend; aber welcher Beobachter würde in den haloähnlichen Rändern auf den Abbildungen 16 und 17 nicht eher das Wirken eines Zufallsphänomens sehen? So gesehen, stellt die Bewegung eine sehr innige Verbindung der Ordnung mit der Unordnung dar: Eine scheinbar regelmäßige Bahn erweist sich in kleinem Maßstab als gründlich gestört, wobei es jedoch stets, mitten in der Unordnung, Inseln der Ordnung gibt, die ihrerseits Ränder der Unordnung aufweisen, wo dieselbe Struktur sich en miniature fortsetzt.

Die Ordnung und die Unordnung, das Regelmäßige und das Regellose, das Vorhersagbare und das Zufällige überlagern einander, so wie die Erde und das Meer einander entlang jener zerklüfteten Küsten überschneiden, wo die felsigen Vorgebirge mit den Sandstränden abwechseln und wo die Wasserlachen und die Riffe einen zweifeln lassen, wo das Wasser beginnt und der Erdboden endet.

Selbst die periodischen Bahnen, die doch der Inbegriff der Regelmäßigkeit sein müßten, tragen den tückischen Keim der Unordnung in sich. Die obigen Zeichnungen enthalten eine große Zahl von Beispielen hierfür. Auf zwei davon haben wir hingewiesen: die aus 0 hervorgehende Bezugsbahn sowie die Bahn von fünfmal größerer Periode, die durch die Gipfel der Inseln verläuft (und eine dritte Bahn, die durch die Sattelpunkte verläuft). Da die Inseln die Gesamtstruktur im Miniaturmaßstab wiedergeben, müssen sie ihrerseits eine Bahn von der fünffachen Periode der Bahn S_1, S_2, S_3, S_4, S_5, also dem Fünfundzwanzigfachen der Bezugsperiode enthalten. Man erhält so in der Umgebung der Bezugsbahn periodische Bahnen, deren Perioden jeweils 5, 25, 625, 3125mal usf. größer sind. Im vierten Fall muß man mehr als dreitausend Punkte für die Figur konstruieren, um festzustellen, daß die entsprechende Bahn periodisch ist. Ein unvorbereiteter Beobachter hat kaum eine Chance, das zu bemerken und in der Figur etwas anderes zu sehen als eine ganz gewöhnliche chaotische Bahn. Würde er es jedoch feststellen, dann wäre es ein leichtes, noch weiter zu gehen und eine Bahn von so großer Periode zu finden, daß sie seine rechnerischen Möglichkeiten übersteigt.

Poincaré war auf die Abbildungen 16 und 17 nicht durch numerische Simulationen gekommen, die mit den Mitteln seiner Zeit praktisch nicht möglich waren, sondern durch qualitative Methoden. Er teilte die periodischen Bahnen in zwei große Klassen ein, die er elliptisch bzw. hyperbolisch nannte, und zeigte, daß die lokale Situation in der Umgebung einer elliptischen periodischen Bahn durch Figuren zu beschreiben war, die den Abbildungen 16 und 17 analog waren (allerdings unter der Bedingung, daß gewisse seltene Ausnahmefälle unberücksichtigt blieben). Seine Analyse impliziert insbesondere das Vorhandensein einer Familie von periodischen Bahnen mit immer größer werdender Periode, deren jede Inseln und Sattelpunkte entstehen läßt, und gelangt auf strenge Weise zu jenen Schlußfolgerungen, zu denen wir durch die Untersuchung der Zeichnungen gekommen sind.

Diese Analyse wird man indessen in den *Méthodes nouvelles* vergeblich suchen. Das liegt daran, daß Poincaré zu ihr erst sehr viel später gekommen ist. Immer war da noch etwas, was bewiesen werden mußte. Alles hing von einem geometrischen Theorem ab, das er zwar in vielen Einzelfällen, aber nicht allgemein zu beweisen vermochte und das er gegen Ende seines Lebens öffentlich zur Diskussion stellte, um es der Beachtung und den Bemühungen anderer Mathematiker zu empfehlen. Es wurde schließlich 1913 von dem Amerikaner Birkhoff bewiesen (womit wohl erstmalig ein

Mathematiker der USA international in Erscheinung trat) und ist seither als »Poincarés letztes Theorem« bekannt.

Was man dafür in den *Méthodes nouvelles* findet, ist die Analyse einer andersartigen Bahn, diesmal einer nicht-periodischen, die Poincaré als homoklin bezeichnet. Hören wir, was er über sie sagt: »Man wird verblüfft sein über die Komplexität dieser Figur, die zu zeichnen ich nicht einmal versuchen will. Nichts ist besser geeignet, uns eine Vorstellung von der Kompliziertheit des Dreikörperproblems und überhaupt aller Probleme der Dynamik zu geben, die nicht integrabel und für die die Bohlinschen Reihen divergent sind.« Der interessierte Leser findet im Anhang 1 eine Einführung in die homoklinen Umlaufbahnen, zusammen mit der Figur, die Poincaré nicht zeichnen wollte.

Deterministisch und doch zufallsbedingt

Wir haben eine Situation erreicht, in der es gilt, konstruktiv zu sein. Das alte Haus haben wir abgerissen: Was sollen wir an seiner Stelle errichten? Das alte Bild war die Keplerbahn, eben, elliptisch und periodisch, vielleicht ein wenig beeinträchtigt durch kleine Störungen, aber im Grunde doch vorhersagbar und berechenbar: Die Erde kreist um die Sonne – heute, morgen, in alle Ewigkeit. Dieses Bild hat sich als trügerisch erwiesen, die Keplerbahn hat sich zu einem Halo aufgelöst, und niemand weiß, ob die Erde für alle Zeiten um die Sonne kreisen wird. Welches neue Bild sollen wir vorschlagen?

Das erste Bild, das mir einfällt, ist das Werfen von Würfeln: ein seit Julius Caesar gern benutztes Bild, das aber doch einige wichtige Aspekte der Bewegungen, die wir beschreiben wollen, zum Ausdruck bringt. Wie diese ist das Würfeln ein deterministisches und doch zufallsbedingtes Phänomen. Genauer gesagt, die Gesetze des Würfelns sind rein deterministisch, aber jedesmal, wenn sie zur Anwendung kommen, erscheint das Ergebnis als zufallsbedingt.

Was kann es Deterministischeres geben als das Werfen eines Würfels? Dieser kleine, homogene Kubus verläßt die Hand des Würfelnden, ist der Anziehungskraft der Erde und dem Luftwiderstand ausgesetzt, prallt auf eine Oberfläche auf, die man bewußt so gewählt hat, daß sie elastisch und eben ist, und kommt schließlich zum Stillstand, nachdem er seine Energie durch Stöße und Reibung verbraucht hat. Er unterliegt ausschließlich den Gesetzen der Mechanik, die wohlbekannt und bis zum Überdruß untersucht sind, und im Prinzip kann man, sobald der Würfel den Anfangsimpuls erhalten hat, seine gesamte restliche Bewegung durch Berechnung bestimmen. Andererseits: was gibt es Zufälligeres als das Werfen eines Würfels? Vom lateinischen Wort für Würfel (alea) leitet sich französisch »aléatoire« her, was nichts anderes bedeutet als »vom Zufall abhängig«. Es gibt m. W. keine abstrakte Definition des Zufalls, jedenfalls keine, die in sich stimmig wäre. Jede konkrete Definition aber geht letzten Endes auf das Experiment des Würfelns zurück.

Gerade diesen zweideutigen Charakter der Sache haben wir auch an den Problemen der Himmelsmechanik festgestellt. Die vom Newtonschen Gesetz regierten Bewegungen sind rein deterministisch. Doch gewisse Bahnen sind so unregelmäßig – man denke nur an die Wolke von Punkten in Abbildung 17 oder an die äußere Bahn auf Abbildung 16 –, daß sie den Charakter des Zufälligen annehmen.

Trotzdem ist die Analogie nicht sehr treffend. Man erkennt unschwer, daß es sich beim Würfeln um die Frage des Maßstabes handelt. In kleinem Maßstab ist die Sache deterministisch, in großem Maßstab jedoch zufallsbedingt. Das liegt daran, daß das Phänomen des Wurfes aus der Summe einer Vielzahl von mikroskopischen Ursachen resultiert: Wohl könnte die individuelle Auswirkung jeder einzelnen Ursache erschöpfend beschrieben werden, aber ihr Zusammenwirken macht jede Berechnung unmöglich. Dazu kommt die Frage der Instabilität, auf die wir später zurückkommen werden und die die Anfangsbedingungen betrifft.

Anders verhält es sich bei den Problemen der Himmelsmechanik. Wir haben bereits unterstrichen, daß die in den Abbildungen 16 und 17 dargestellte Struktur sich in allen Maßstabsgrößen wiederfindet: Die mikroskopischen und die makroskopischen Phänomene sind im wesentlichen dieselben. Daher brauchen wir ein Bild, das diese Gegebenheiten – und andere, von denen wir nicht gesprochen haben – widerspiegelt.

Ein solches Bild gibt es. Es ist weder ein Zufallsfund noch die Frucht vager literarischer Reminiszenzen, sondern das Ergebnis der Arbeit dreier Generationen von Mathematikern seit Poincaré. In den Spezialabhandlungen über die dynamischen Systeme erscheint es als »Transformation des Bäckers« oder »Bernoulli-Verschiebung«. Es ist merkwürdig, daß auf diese Weise der Name eines Schweizer Mathematikers des 17. Jahrhunderts auf einem Gebiet zu Ehren kommt, das im 20. Jahrhundert zur Domäne der Amerikaner (Birkhoff, Smale, Ornstein) und der Russen (Kolmogorow, Sinai, Arnold) geworden ist.

Schauen wir zunächst dem Bäcker bei der Arbeit zu. Er nimmt den Teig, rollt ihn mit einer Teigrolle aus, bis er nur noch halb so dick ist, klappt ihn einmal um, so daß er wieder so dick ist wie vorher, und beginnt von vorn. Nun, wir bitten unseren Bäcker, den Teig nach dem ersten Ausrollen in zwei Teile zu schneiden und die rechte Hälfte über die linke zu legen. Auf diese Weise behalten sie immer die gleiche Richtung, während man beim Umklappen die zweite Hälfte (relativ zur ersten) umdreht. Wir bringen damit vielleicht die Backstube durcheinander, aber wir vereinfachen die Mathematik.

Eine schematische Darstellung dieser Operation zeigt Abbildung 18. Das erste Quadrat stellt die ursprüngliche Teigmasse dar. Sie wird mit der Teigrolle bearbeitet, bis sie nur noch halb so hoch, aber doppelt so breit ist wie vorher.

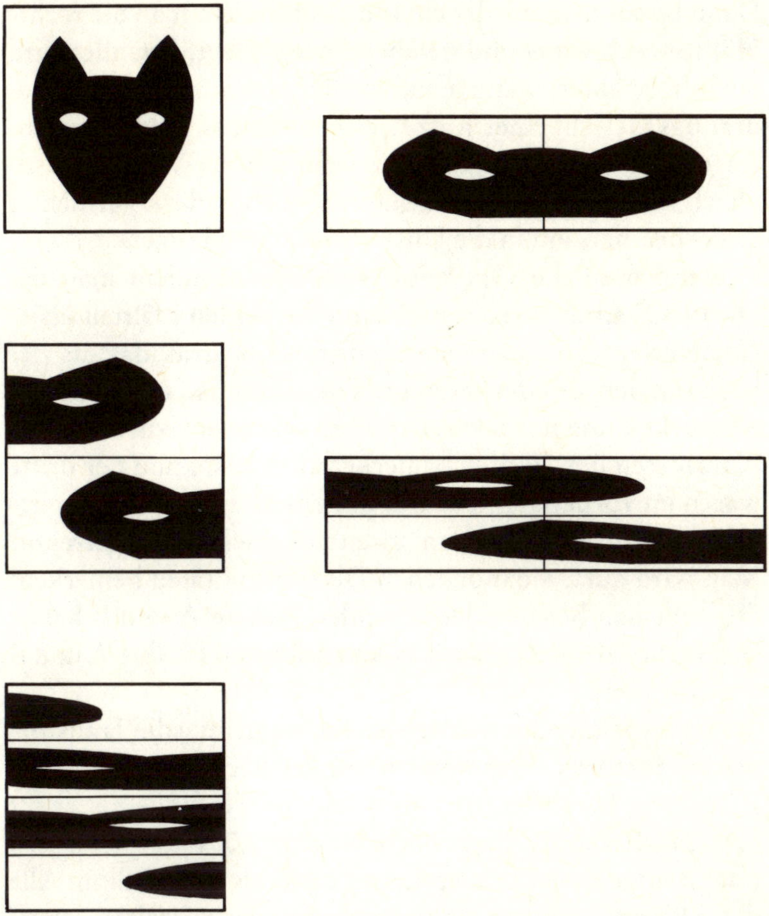

18 Arnolds Katze.

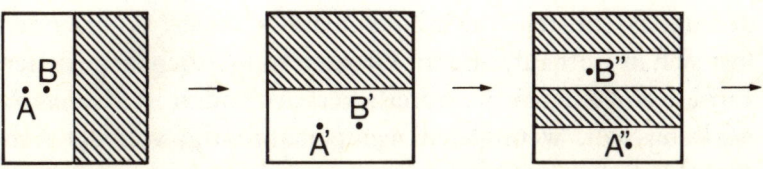

19 Die »Transformation des Bäckers«. Die Darstellung zeigt die sukzessiven Abbilder von A und B.

Dann bildet man wieder ein Quadrat, indem man die rechte Hälfte abschneidet und sie über die linke legt. Das alles wird noch frappanter, wenn man, wie Arnold, auf das erste Quadrat das Gesicht einer Katze zeichnet und sich dessen nachfolgende Verwandlungen vor Augen führt. (Wir wollen sogleich klarstellen, daß Arnold sich noch andere Verdienste erworben hat, um in die Unsterblichkeit einzugehen.)

Wenn man die Operation wiederholt, indem man das zweite Quadrat ausrollt und dann die beiden Hälften übereinanderlegt, so erhält man ein drittes Quadrat, das aus vier horizontalen Streifen besteht. Die Katze ist nun wirklich zerstückelt und nur noch schwer zu erkennen. Man wird das Alternieren der Streifen bemerken: Der erste und der dritte waren im vorherigen Quadrat nur einer, und sie sind im jetzigen Quadrat durch den zweiten voneinander getrennt. Man wird auch die möglichen Diskontinuitäten bemerken: Die sehr nah beieinander liegenden Punkte A und B haben sich in die sehr weit voneinander entfernten Punkte A und B transformiert.

Noch spannender wird die Sache, wenn man die Transformation fortsetzt. Nehmen wir an, der Bäcker möchte einen Blätterteig herstellen und rollt seinen Teig unbegrenzt oft aus. Nach zehn Operationen wird er 1024 Teigschichten oder Blätter haben, nach zwanzig mehr als eine Million. Alle diese Blätter – immer schmalere horizontale Streifen – werden wie ein Spiel Karten immer aufs neue gemischt. Arnolds Katze ist in Scheiben geschnitten, zerstückelt und zu Hackfleisch gemacht worden. Erinnern wir uns an die Katze, der Lewis Carroll seiner Alice im Wunderland begegnen läßt: In den unpassendsten Augenblicken materialisiert sie sich oder löst sich in Luft auf, und ihr Grinsen hängt noch lange in der Luft, wenn ihr Körper bereits verschwunden ist. Genauso wirkungsvoll, wenngleich weniger anmutig, verbirgt sich Arnolds Katze im Quadrat.

Dennoch steckt sie noch immer drin, und man kann sie jederzeit wieder hervorholen. Dazu braucht der Bäcker sein

Teigquadrat nur der Höhe nach anstatt der Breite nach auszurollen, es in der Mitte in zwei Teile schneiden und die
Hälften nebeneinanderzulegen. Es läuft darauf hinaus, wie
oben zu verfahren, auszurollen und übereinanderzulegen –
nur mit dem Unterschied, daß man zuvor den Teigblock
seitlich versetzt hat. Diese Operation erlaubt es, zurückzugehen, die Zahl der Streifen durch zwei zu teilen, von einem
Quadrat mit 1024 Streifen zu einem Quadrat mit 512 Streifen zu gelangen und nach zehn solchen Operationen Arnolds grinsende Katze auf dem Ursprungsquadrat wieder
vorzufinden.

Hier liegt ein echt deterministisches Phänomen vor. Die
Gegenwart determiniert zur Gänze die Zukunft, und zwar
durch die wiederholte Anwendung eines einfachen Gesetzes. Die Kenntnis der Situation zu einem gegebenen Zeitpunkt erlaubt es, jeden beliebigen früheren Zustand zu re-
konstruieren. Vergangenheit und Zukunft sind völlig in der
Gegenwart enthalten. Und doch ist der beobachtete Effekt
so unregelmäßig, daß sich unabweisbar die Bezeichnung
»zufallsbedingt« aufdrängt. Man denkt an ein Spiel Karten,
das von kundigen Händen immer besser durchgemischt
wird. Dank der Bemühungen der oben genannten Mathematiker sind diese zufallsbedingten Merkmale der Transformation heute gut verstanden und lassen sich quantitativ durch
die sogenannte Entropie der Transformation ausdrücken.

Wir wollen nicht in eine Diskussion dieses sehr technischen Begriffes eintreten, der außerhalb seines Kontextes
wenig brauchbar ist. Glücklicherweise genügt die Untersuchung von individuellen Bahnen, die durch sukzessiv transformierte Punkte entstehen, um den zufallsbedingten
Aspekt der Sache deutlich zu machen. Diese Richtung wollen wir jetzt einschlagen.

Der erste Gedanke, der einem in den Sinn kommt, ist, in
das ursprüngliche Quadrat die Folge der transformierten
Punkte einzutragen, die zu einem gewählten Punkt gehört.
Auf den Abbildungen 20 und 21 sieht man die ersten neun

Punkte A_1, ..., A_9 und B_1, ..., B_9 der beiden Folgen von Abbildern, die zu den ursprünglich benachbarten Punkten A_0 und B_0 gehören. Man sieht, daß die Abbilder ein und desselben Punktes dazu neigen, sich gleichmäßig auf das Quadrat zu verteilen, und daß die Abbilder der beiden benachbarten, aber unterschiedenen Punkte sich ziemlich schnell trennen. Ein weitergehendes Experiment, bei dem man hundert oder tausend Abbilder anstatt nur neun angeben würde, würde zu denselben Beobachtungen führen.

20 Der Ausgangspunkt O
hat die Koordinaten
$x = y = 0,840675437 \ldots$

21 Der Ausgangspunkt O
hat die Koordinaten
$x = y = 0,846704216 \ldots$

Die graphische Methode reicht offenkundig nicht mehr aus, wenn man die Bahnen über sehr viel längere, ja unendliche Zeiträume untersuchen möchte. Dann muß man auf eine andere, sehr raffinierte Methode zurückgreifen. Beginnen wollen wir damit, unseren Operationsmodus ein wenig zu ändern: Der Bäcker macht jedesmal zehn Streifen, nicht nur zwei. Das ursprüngliche Quadrat wird auf ein Zehntel seiner Höhe vermindert, seine Grundlinie dagegen verzehnfacht, und die so entstehenden zehn Streifen werden in ihrer Reihenfolge übereinandergelegt.

Wir setzen die Seitenlänge des Quadrats mit 1 fest. Jeder Punkt im Quadrat ist dann durch zwei Dezimalzahlen festgelegt: Die erste gibt die Projektion des Punktes auf die Grundlinie, die zweite seine Höhe an. So ist beispielsweise der in der Abbildung eingetragene Punkt C_0, der auf halber Höhe und ein Drittel vom linken Rand entfernt liegt, durch die Zahlen 0,333333 ... und 0,500000 ... festgelegt. Allgemein gilt, daß zwei beliebigen Dezimalzahlen, die mit einer 0 vor dem Komma beginnen, ein Punkt in einem Quadrat entspricht. Ich kann diese Zahlen aufs Geratewohl mit Hilfe meines Taschenrechners erzeugen. Ich ziehe ihn aus der Tasche, beschließe, mich auf sechs Dezimalstellen zu beschränken, tippe zweimal auf die Taste RANDOM, erhalte 727 sowie 756 und schreibe die Zahl 0,727756 ... auf; in derselben Weise erhalte ich 0,578675 ... Nun kann ich in das Quadrat den entsprechenden Punkt D_0 eintragen, allerdings mit einer Genauigkeit, die über die zweite Dezimalstelle nicht hinausgeht.

Die Transformation des Bäckers läßt sich jetzt ganz leicht ausführen: Sie läuft darauf hinaus, aus der ersten Zahl (hori-

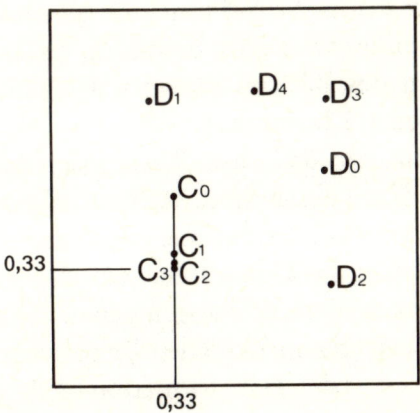

22 Dezimale Transformation des Bäckers, auch Bernoulli-Verschiebung genannt.

zontale Projektion) die erste Dezimalstelle zu entnehmen und sie als erste Dezimalstelle in die zweite Zahl (Höhe) einzusetzen. Auf diese Weise wird das Abbild C_1 von C_0 gegeben durch:

C_0: 0,333333 ... und 0,500000 ...
C_1: 0,333333 ... und 0,350000 ...

Das Abbild D_1 von D_0 wird gegeben durch:

D_0: 0,727756 ... und 0,578675 ...
D_1: 0,27756 ... und 0,7578675 ...

Nach demselben Verfahren berechnet man höchst einfach die weiteren Abbilder von C_0 und von D_0:

C_2: 0,333333 ... und 0,335000 ...
C_3: 0,333333 ... und 0,333500 ...
C_4: 0,333333 ... und 0,333350 ...

sowie:

D_2: 0,7756 ... und 0,27578675 ...
D_3: 0,756 ... und 0,727578675 ...
D_4: 0,56 ... und 0,7727578675 ...

So geschrieben, trägt diese Operation den Namen *Bernoulli-Verschiebung*.

Sie besteht darin, das Komma in der ersten Zahl (die Grundlinie auf Projektion) um eine Stelle nach rechts zu verschieben und in der zweiten (Höhe) um eine nach links.

Diese Darstellungsweise ist besonders praktisch für die Transformation des Bäckers (wenn wir einen Faktor von 1/10 anstelle von 1/2 benutzen).

Stellen wir uns vor, daß unser Wissen sich auf die Kenntnis der zweiten Zahl beschränkt, während die erste uns verborgen bleibt. Man könnte beispielsweise einen Beobachter so postieren, daß er das Quadrat nur von der Seite sieht. Er kann die vertikalen Verschiebungen genau registrieren, erkennt jedoch nicht die horizontalen Bewegungen. Eine der beiden Dimensionen der Transformation bleibt ihm verborgen.

Sehen wir nun, was die vorangegangenen Beispiele ergeben. Was die erste, aus C_0 hervorgegangene Folge betrifft, so sieht der Beobachter einen auf 0,500000 … befindlichen Punkt, der sich nach 0,350000 … bewegt, dann nach 0,335000 … usf. Wir bemerken, daß die sukzessiven Abbilder sich dem Punkt 0,333333 … = 1/3 immer mehr annähern, ohne ihn jemals zu erreichen. Wir bemerken ferner, daß der Beobachter, wenn er in der Zeit zurückgehen würde, sehen könnte, wie der Punkt 0,500000 … sich auf 0,000000 … zubewegen und von dort nicht mehr wegrühren würde. Die Geschichte dieser Bewegung ist für ihn also folgende: Ein Punkt, während der gesamten Vergangenheit unbeweglich auf 0 verharrend, rührt sich plötzlich vom Nulldatum fort; er springt auf 1/2 und verläßt dann diese Stellung, um sich immer mehr dem Punkt 1/3 anzunähern, ohne ihn indes jemals zu erreichen.

Die an D_0 geknüpften Beobachtungen führen zu einer außerordentlich unregelmäßigen Bewegung: Der Beobachter kann weder ein einfaches Gesetz formulieren noch die Vorgeschichte für dieses Phänomen erkennen, das ihm daher als völlig zufallsbedingt erscheinen muß.

Man kann diesen Zusammenhang mit einer laterna magica veranschaulichen, indem man unser Quadrat seitlich beleuchtet und den von den sukzessiven Abbildern geworfenen Schatten auf eine Leinwand projiziert. Auf diese Weise erhielte man eine moderne Version von Platons Höhlengleichnis. Bei Platon macht der Schatten aus der Wirklichkeit Erscheinungen (Phänomene). Hier, in unserem Beispiel, verwandelt er Deterministisches in Zufallsbedingtes. Beide Interpretationen des Mythos sind miteinander verknüpft: Weil uns ein Teil der Information nicht zugänglich ist, erscheint ein deterministisches Phänomen als zufallsbedingt.

Machen wir uns klar, wie unfähig der Beobachter ist, sich Rechenschaft über das Phänomen abzulegen. Ihm stehen sämtliche früheren Beobachtungen seit grauer Vorzeit zu Gebote, d. h., er hat eine vollständige Kenntnis der Vergangenheit. Praktisch bedeutet die Kenntnis der zweiten Koordinate im Zeitpunkt Null, beispielsweise 0,578675 ..., daß im unmittelbar vergangenen Zeitpunkt −1 die Koordinate 0,78675 ... betrug, im Zeitpunkt −2 demzufolge 0,8675 ... usf. Wenn man sämtliche durch die Auslassungspunkte dargestellten Ziffern kennt, kann man daher in der Zeit unbegrenzt zurückgehen.

Dagegen ist man nicht imstande, in der Zeit auch nur einen einzigen Schritt nach vorn zu tun. Wenn wir wissen, daß der Wert der Koordinate im Zeitpunkt Null 0,578675 ... beträgt, erhalten wir für den nächstfolgenden Zeitpunkt zehn Möglichkeiten, von 0,0578675 ... bis 0,9578675 ..., mit den Zwischenstationen 0,1578675 ..., 0,2578675 ... usf. Es zeigt sich zwar, daß, wenn die beobachteten Phänomene dem Punkt D_0 entsprechen, der folgende Wert der Koordinate 0,7578675 ... beträgt; aber nichts an den gegenwärtigen und vergangenen Beobachtungen erlaubt, das vorherzusehen. Diese Beobachtungen geben uns sämtliche Dezimalstellen – mit Ausnahme der wichtigsten, der ersten. Man kann daher unmöglich sagen, welche Größenordnung der nächste beobachtete Wert haben wird. Das wird sich noch verstärken, wenn man in die fernere Zukunft vorzudringen sucht: Vom beobachteten Wert im Zeitpunkt n kann man nur die (n + 1)te Dezimalstelle vorhersagen, während die vorhergehenden Dezimalstellen – und damit der Bereich, in dem die Beobachtung anzusiedeln wäre – uns unzugänglich bleiben.

Stellen wir noch ein weiteres fiktives Experiment an. Unser Beobachter, immer noch seinem Schattentheater zugekehrt, hat ein Äffchen bei sich, das ihn von der Eintönigkeit des Schauspiels ablenken soll. Das Tier findet beim Umherstöbern einen Würfel und spielt mit ihm. Wenn unser Mann nun die geworfenen Ziffern der Reihe nach aufschreibt, also etwa 436345 ...: wird er nicht sagen, daß sie auf zufällige Weise zustande gekommen sind? Und wenn dies dieselben Ziffern in derselben Reihenfolge sind, die in seinen Beobachtungen vorkommen: wird er nicht sagen, daß das Phänomen, das er mißt, ebenfalls zufallsbedingt ist? So ist also die folgende Reihe von Beobachtungen durchaus möglich:

(Zeitpunkt 0)   0,000000 ... (um einen Ausgangspunkt
                                                    zu haben)
(Zeitpunkt 1)   0,400000 ... (Erscheinen der 4)
(Zeitpunkt 2)   0,340000 ... (Erscheinen der 3)
(Zeitpunkt 3)   0,634000 ... (Erscheinen der 6)

usf., bis ins Unendliche. Um diese Reihenfolge auf der Leinwand erscheinen zu lassen, braucht der Spielleiter auf dem ursprünglichen Quadrat nur einen materiellen Punkt mit den Koordinaten 0,436345 ... und 0,000000 ... einzutragen.

Derartige Mechanismen sind im Spiel, wenn man auf einem Taschenrechner die Taste RANDOM drückt. Was gibt es Deterministischeres als einen Computer? Wie kann er also etwas Zufälliges hervorbringen? In Wirklichkeit bringt er etwas Deterministisches hervor, das als zufallsbedingt erscheint, so wie die Wolke von Punkten in Abbildung 17 zufällig zusammengesetzt zu sein scheint oder wie die vertikalen Verschiebungen eines Punktes in der Transformation des Bäckers unvorhersehbar sind. Es gibt Verfahren, durch die man solche erratischen Zahlenfolgen erhält. Eines der einfachsten ist die verstümmelte Multiplikation, bei der man eine sechsstellige Zahl dadurch erhält, daß man zwei sechsstellige Zahlen miteinander multipliziert und vom Resultat die ersten drei Ziffern und die letzten drei wegstreicht. So ist also die mit der RANDOM-Taste erzeugte Zahl stets das Ergebnis eines Rechenvorgangs, was nicht hindert, sie als zufallsbedingt anzusehen.

Rekapitulieren wir. Die Transformation des Bäckers ist rein deterministisch. Betrachtet man sie jedoch in einer bestimmten, zwar unvollständigen, aber exakt definierten Weise (die beobachteten Werte sind nicht mit Fehlern behaftet), so erhält man eine Reihe von Meßwerten, die zufallsbedingten Charakter haben. Jetzt müssen wir nur noch wissen, ob wir Haare spalten oder die physikalische Realität beschreiben wollen. Ist die Transformation des Bäckers etwas anderes als ein perverser Zeitvertreib für Mathematiker? Vermag sie einen zufallsbedingten Aspekt auch anderswo als in diesen fiktiven Experimenten aufzuzeigen?

Dank der Arbeiten der von uns erwähnten Mathematiker, insbesondere Birkhoffs und Smales, wissen wir heute, daß die Bewegungen der Himmelsmechanik sich in gewissen Bereichen auf Bernoulli-Verschiebungen zurückführen lassen. So stellt Abbildung 17 die sukzessiven Schnittpunkte ein und derselben Umlaufbahn mit einer Bezugsebene dar; sie könnte genausogut die sukzessiven Abbilder ein und desselben Punktes unter der Transformation des Bäckers zeigen. Diese Analogie ist nicht bloß formaler Art: In einem sehr präzisen Sinn kann man beweisen, daß es sich um *ein und dieselbe Sache* handelt. Sämtliche Phänomene, die wir beschrieben haben, können daher im Rahmen der Himmelsmechanik reproduziert werden.

Wir können also in bestimmten Bewegungen einen zufallsbedingten Charakter aufzeigen, obwohl diese Bewegungen dem Newtonschen Gravitationsgesetz unterliegen. Den Vertretern des klassischen Determinismus bleibt freilich ein letzter Ausweg: Vielleicht zeigt sich dieser zufallsbedingte Charakter nur bei Betrachtung im mikroskopischen Maßstab, während den makroskopischen Phänomenen ihre strenge Gewißheit bleibt? Um es gleich zu sagen: auch dieser Ausweg ist verschlossen. Wie wir bereits gesehen haben, führt die Bewegung in jedem Maßstab zur selben Struktur, jedes mikroskopische Phänomen hat sein makroskopisches Pendant.

Nehmen wir ein wohlbekanntes Beispiel. Zwei Himmelskörper, deren Masse gleich ist, beispielsweise Doppelsterne, kreisen um ihren gemeinsamen Schwerpunkt. Die Ebene ihrer Umlaufbahn heiße P. Ein dritter Körper von vernachlässigbarer Masse, etwa ein Asteroid oder ein Komet, unterliegt der Anziehungskraft der beiden ersten Körper. Er bewegt sich auf der senkrecht zur Ebene P stehenden Geraden D, die durch den Schwerpunkt G verläuft. Wenn die Bewegung auf dieser Geraden beginnt, wird sie, den Newtonschen Gesetzen zufolge, unbegrenzt auf ihr fortdauern. Genauer gesagt: wenn der Komet sich im Zeitpunkt Null auf der Geraden D befindet, dann bewegt er sich mit einer durch die Position auf D festgelegten Geschwindigkeit und befindet sich in jedem (anderen) Augenblick auf einem (anderen) Punkt von D.

Die Periode der Bewegung der beiden Sterne, d. h. die Zeit, die sie brauchen, um ihre Bahn einmal zu durchlaufen, nennen wir ein Jahr. Wir fragen uns nun, wie viele Jahre zwischen zwei aufeinanderfolgenden Erscheinungen des Kometen auf der Ebene P, genauer gesagt: am Punkt G, wo P mit D zusammentrifft, verstreichen werden.

Präzisieren wir die Fragestellung ein wenig. Denken wir uns einen von intelligenten Lebewesen bevölkerten Planeten, der sich in der Ebene P unserer Doppelsterne bewegt.

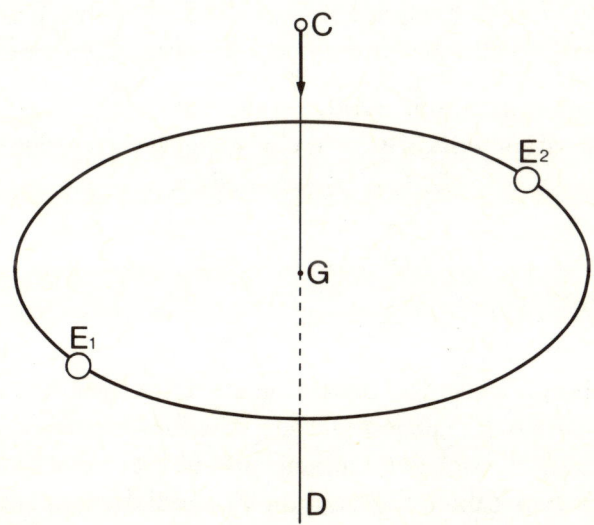

23 Beobachtung der Durchgänge des Kometen C durch die Ebene P der gemeinsamen Bahn der Sterne E_1 und E_2.

Diese Extraterrestrischen beobachten seit Generationen den Himmel; sie können den Kometen bei seinem Durchgang durch die Ebene der Umlaufbahn sehen, und sie haben zu verschiedenen Zeitpunkten in der Vergangenheit seine Wiederkehr festgestellt, sagen wir vor 17, 35, 143, 230 und 305 Jahren. Wir können sogar großzügig sein und annehmen, daß sie den Kometen seit Anbeginn der Zeit beobachtet haben und eine vollständige Liste seiner Erscheinungen besitzen. Mit allen diesen Daten bewaffnet, haben sie nun ihren Astronomen aufgesucht und ihn gefragt: »Wann werden wir den Kometen wiedersehen?«

Der Astronom kann nur entgegnen: »Darüber weiß ich nichts.« Der Komet kann noch heute wiederkommen, in einem Jahr, in zehn Jahren, in tausend Jahren oder nie mehr. Es gibt keine Berechnung, die es ihm erlaubt, zwischen diesen Möglichkeiten zu entscheiden, ja nicht einmal, eine von ihnen für besonders plausibel zu halten. In dieser besonderen Konfiguration (die Berechnungen sind von Tschitnikow und Alexejew vorgenommen worden) bestätigen die Newtonschen Gesetze tatsächlich, daß alle Reihen möglich sind! Eine Reihe von Beobachtungen wie die eben angesprochene:

$$\ldots -305, -230, -143, -35, -17$$

kann auf völlig willkürliche Weise fortgesetzt werden:

$$0, 1, 2, 3, 4, 5, 6, 7 \ldots$$

oder auch:

$$10, 100, 1000, 10000 \ldots$$

oder auch:

$$72, 757, 8675, 9431 \ldots$$

Die in dieser Weise vervollständigten Reihen können sämtlich physikalisch realisiert werden. Es gibt immer eine Asteroidenbahn, die sich den Launen einer Reihe von willkürlich ausgewählten Zahlen fügt und die Ebene P der Umlaufbahn genau zu den angegebenen Zeiten durchquert. Anders ausgedrückt: die künftigen Beobachtungen sind völlig unabhängig von den vergangenen Beobachtungen. Die Kenntnis der einen kann nichts dazu beitragen, die anderen vorherzusagen, ebensowenig wie die Kenntnis von tausend nacheinander beim Roulette vorgekommenen Zahlen dazu beitragen kann, die tausendunderste vorherzusagen. Diese Unabhängigkeit der Vergangenheit und der Zukunft voneinander ist genau das, was man »zufällig« nennt, im Gegensatz zum Determinismus.

In einem Planetensystem wie diesem würde die Naturphilosophie, die sich von der empirischen Astronomie löste, stark von der unseren abweichen. Der gestirnte Himmel über uns wäre nicht länger der Ballsaal, in welchem die Planeten ihren wohlgeordneten Tanz aufführten, sondern das grüne Tuch, auf dem ein unbekannter Croupier seine Zahlen ermittelte. Die erste Erfahrung des Physikers wäre, daß Gott würfelt – entgegen der von Einstein bekundeten Meinung.

Es gibt hier nichts, was wir nicht bereits gesehen hätten. Die unendlichen Reihen in der Vergangenheit, die man für die Zukunft willkürlich vervollständigen kann und die daher völlig unvorhersagbar sind: wir sind ihnen bereits begegnet, und zwar in unserem Schattentheater, an der Wand der platonischen Höhle. Nur entfalten sie sich hier auf einem viel umfassenderen Hintergrund. Doch im einen wie im anderen Fall handelt es sich um ein und dasselbe Phänomen, das durch die Transformation des Bäckers beschrieben werden kann.

Der Aspekt des Zufälligen rührt daher, daß man eine Information hat, die zwar exakt, aber unvollständig ist. Ein Teil der Information bleibt im Dunkeln. Für den Zuschauer vor der Leinwand ist es die horizontale Position des Punktes, dessen vertikalen Ortsveränderungen er folgt. Für unseren Astronomen ist es die Geschwindigkeit des Planeten beim Durchgang durch die Ebene der Umlaufbahn. Würde er sie kennen, wären alle seine Zweifel beseitigt. Er könnte – zumindest im Prinzip – die gesamte Bahn des Kometen berechnen, seine nächsten Durchgänge ankündigen und die früheren verifizieren. Das Bemerkenswerte an der Sache ist, daß das Fehlen dieser Information – die übrigens schwer zu beschaffen sein mag – jegliche Voraussage über das Phänomen unmöglich macht. Um so bemerkenswerter ist es, daß die Auskunft, die man haben möchte, nämlich das Datum des nächsten Durchgangs (durch die Ebene P), keine Rückschlüsse auf die fehlende Information (über die Geschwindigkeit des Kometen) erlaubt. Das Datum des nächsten Durchgangs wird sich vielmehr völlig in die Folge der früheren Durchgänge einzuordnen scheinen, die man zwar genau kennt, die sich jedoch als ganz und gar nutzlos erweist.

Der Determinismus – in dem Sinne, daß die Gegenwart die Zukunft »determiniert« und die Vergangenheit in sich enthält – ist also eine Eigenschaft der Wirklichkeit in ihrer Gesamtheit. Sobald man aus dieser globalen Wirklichkeit, aus dem Gesamtsystem der Welt eine Reihe von Phänomenen isoliert, die man zur Beobachtung und Beschreibung auswählt, läuft man Gefahr, von dieser deterministischen Wirklichkeit nur eine zufallsbestimmte Projektion zu erblicken. Allerdings ist es sehr schwer, es anders zu machen: Die eigentliche Wirklichkeit, falls eine solche überhaupt existiert, entzieht sich uns, und es ist gerade die Aufgabe der Wissenschaft, Leinwände aufzustellen, auf die sich die Wirklichkeit projizieren mag. Selbst wenn also die nicht faßbare Wirklichkeit deterministisch ist, können die beobachteten Phänomene dennoch zufallsbedingt sein.

Wir finden uns hier auf ausgetretenen Pfaden wieder: Die wissenschaftliche Erkenntnis ist kein unmittelbarer Blick auf das Ding an sich. In der von Kant wiederaufgenommenen platonischen Tradition ist das Ding an sich das Noumenon, das sich in Zeit und Raum in einer Folge sinnlich wahrnehmbarer Erscheinungen (Phänomene) manifestiert. Das Noumenon ist nur der geistigen Spekulation zugänglich, zumal es sich mehr um eine Offenbarung als um eine Entdeckung handelt; aber man kann ihm Fallen stellen, um es zu zwingen, sich im sinnlich wahrnehmbaren Universum zu zeigen. Der Sinn eines Experiments in der Wissenschaft ist es typischerweise, eine solche Falle zu stellen.

In unseren Tagen gelangt man – selbst wenn man zögert, die Existenz einer sinnlich nicht wahrnehmbaren Wirklichkeit zuzugeben – auf einem anderen Wege zu derselben Situation. Von einem engen, strikt wissenschaftlichen Standpunkt aus kann man nur eine einzige Wirklichkeit, ja nur eine einzige Sache anerkennen: das sinnlich wahrnehmbare Universum in seiner Totalität, die Gesamtheit aller Phänomene seit Anbeginn der Zeit. Strenggenommen gibt es kein abgeschlossenes System, auf das man die Gesetze der Physik isoliert anwenden könnte. Das kleinste Elektron am äußersten Rande des bekannten Universums übt noch Einfluß auf die Erde aus, und zwar sowohl im Newtonschen Modell (durch sein Gravitationsfeld und sein magnetisches Feld) als auch in der Quantenmechanik (da seine Wellenfunktion nirgends verschwindet). Gewiß, diese Wirkungen sind minimal; aber zu behaupten, daß sie vernachlässigbar seien, heißt, sich einer *petitio principii* schuldig zu machen. Wir werden auf diesen Punkt noch zurückkommen. Begnügen wir uns hier mit der Feststellung, daß von Rechts wegen der einzige Gegenstand der Physik das Universum in seiner Gesamtheit ist: Allein das Universum enthält alle Informationen, die für die strenge Anwendung der physikalischen Gesetze notwendig sind. Dieses Universum, dessen vollständiger, totaler und detaillierter Beschreibung es bedürfte, um Wissenschaft im strengen Sinne treiben zu können, ist für uns genausowenig faßbar wie die Kantschen Noumena.

Daher ist man gezwungen, Untersysteme herauszutrennen, auf die man die Gesetze der Physik isoliert anwendet, so wie man das Sonnensystem untersucht, ohne die anderen Sterne zu berücksichtigen. Es handelt sich wieder einmal um eine Projektion, die man mehr oder weniger glücklich vornehmen kann: Man verzichtet bewußt auf einen Teil der verfügbaren Information. Man entsagt der nicht faßbaren, einzigen Wirklichkeit zugunsten von Phänomenen, die man aus ihrer Universalität ausschneidet. Man kehrt in die platonische Höhle zurück, stellt dort den Projektor auf und betrachtet die Leinwand.

Man kann also durchaus einerseits deterministische Gesetze bejahen und andererseits zufallsbedingte Phänomene beobachten. Der Determinismus ist ein gutmütiger Herrscher, seine Lehenshoheit erstreckt sich von Rechts wegen über ungeheure Gebiete, in denen faktisch unabhängige Vasallen regieren, von denen einige sogar so weit gehen, sich unter dem Banner des Feindes zu sammeln. Die großartige Regelmäßigkeit der Keplerschen Gesetze ist ein Zufall, selbst im Newtonschen Universum. Bei einem anderen zeitlichen oder räumlichen Maßstab würde die Bewegung der Planeten als zufällig erscheinen. Das Modell, das sich heute aufdrängt, ist die Transformation des Bäckers und mit ihr der Gedanke, daß ein rein deterministisches Gesetz, wenn die zugehörige Information *teilweise* verborgen ist (wie sie es in der Praxis zwangsläufig ist), sich in *völlig* zufallsbedingten Phänomenen manifestieren kann.

Instabil und doch stabil

Es war einmal ein Meteorologe, der hieß Lorenz. Er lebte – und er lebt noch heute – in der Zeit, in der die Computer begannen, die Bedingungen wissenschaftlicher Forschung zu verändern. Man konnte sich künftighin dem anvertrauen, was man »numerische Simulation« nennt, d. h., man konnte ein mathematisches Modell durch Berechnungen überprüfen, die einen normal begabten Forscher die Arbeit eines ganzen Lebens gekostet hätten.

Damals (es war in den fünfziger Jahren) hatte die Öffentlichkeit, genau wie heute, kein Zutrauen zu den Wettervorhersagen der amtlichen Wetterfrösche. Die Meteorologen selbst waren mit sich genausowenig zufrieden. Und doch: die Gleichungen waren da, gewiß kompliziert, sogar sehr kompliziert, aber sie waren da, und sie hätten es erlauben sollen, das Wetter mit einiger Genauigkeit vorherzusagen. Dennoch ließ das Problem sich nicht lösen. Man konnte noch einigermaßen das Wetter von morgen prophezeien, aber wenn es um eine Wetterprognose für die nächste Woche ging, waren die mathematischen Modelle und die neuesten Computer nicht mehr wert als der Laubfrosch im Glas oder der Hundertjährige Kalender.

Entschlossen, diese windige Konkurrenz aus dem Felde zu schlagen, machte sich Lorenz daran, die Gleichungen der Meteorologie zu vereinfachen. Er vereinfachte sie so sehr, daß man daran zweifeln konnte, ob das Ergebnis noch irgend etwas mit dem Wetter zu tun hatte. Jedenfalls hatte er schließlich ein System von drei Differentialgleichungen für drei Unbekannte (x, y, z), das von drei Parametern (a, b, c) abhing:

$$\frac{dx}{dt} = -ax + ay$$

$$\frac{dy}{dt} = bx - y - xz$$

$$\frac{dz}{dt} = -cz + xy$$

Das sagt dem Uneingeweihten natürlich gar nichts, außer daß es nicht viele Buchstaben sind. Doch ich kann Ihnen versichern, daß man es nur mit Mühe einfacher machen könnte. Die einzige Komplikation besteht in den gemischten Ausdrücken, den Produkten aus zwei Variablen; xz in der zweiten Gleichung und xy in der dritten. Wenn man sie beseitigt, enthalten die verbleibenden Ausdrücke jeweils nicht mehr als eine Variable, und man erhält ein ganz elementares System von Gleichungen, das man explizit und vollständig lösen kann. Kurzum, das System von Lorenz ist das einfachste, das nicht unmittelbar lösbar ist.

In der Tat ist es überhaupt nicht explizit lösbar, d. h., man kann die Variablen x, y und z nicht als Funktion des Zeitpunkts t und der Anfangspositionen angeben (ein weiteres Beispiel für jene »unmöglichen Berechnungen«, von denen wir weiter oben gesprochen haben). Dafür kann man eine numerische Simulation vornehmen. Man wählt die Anfangspositionen x_0, y_0, z_0 und läßt den Computer die sukzessiven Positionen x_1, y_1, z_1 zum Zeitpunkt t = 1, x_2, y_2, z_2 zum Zeitpunkt t = 2 usf. ausrechnen.

Eben dies hat Lorenz getan. Er führte eine gewisse Anzahl von Simulationen aus für verschiedene Anfangspositionen und über unterschiedlich lange Zeiten, wobei er den Computer mehrere Stunden lang rechnen ließ. Einmal wollte er eine besonders lange Simulation wiederholen, und zwar insbesondere deren Schlußphase. Er kam daher auf den Gedanken, mit der Berechnung in der Mitte dieser Simulation anzufangen. Als er dem Computer diese Zwischenposition eingab und ihn die Berechnungen von hier aus weiterführen ließ, hätte er normalerweise die Schlußphase der ersten Simulation erhalten müssen. Aber geben wir Lorenz das Wort:

»Im Verlauf unserer Arbeit entschlossen wir uns, eine der Lösungen eingehender zu prüfen; wir nahmen daher die Zwischenergebnisse, die der Rechner ausgedruckt hatte, und gaben sie ihm als neue Ausgangsdaten ein. Als wir eine Stunde später zurückkamen, entdeckten wir, daß der Rechner, nachdem er ungefähr zwei Zeitmonate simuliert hatte, zu einem völlig anderen Ergebnis gekommen war als bei der Lösung, die er vorher geliefert hatte. Unsere erste Reaktion war, einen Fehler im Gerät zu vermuten, was nichts Ungewöhnliches war. Aber dann begriffen wir rasch, daß die beiden Lösungen gar nicht von identischen Ausgangsdaten gewonnen worden waren. Der Rechner führte seine Berechnungen mit sechs Dezimalstellen durch, druckte aber nur drei aus, so daß die neuen Anfangsbedingungen den alten nicht völlig gleich waren, sondern vielmehr kleine Abweichungen aufwiesen. Diese Abweichungen vergrößerten sich exponentiell und verdoppelten sich alle vier ›Tage‹ der simulierten Zeit, so daß am Ende von zwei Monaten die beiden Lösungen völlig auseinanderliefen. Ich zog daraus sogleich den Schluß, daß es unmöglich sein werde, langfristige und detaillierte Wettervorhersagen zu erstellen, wenn die die Atmosphäre beherrschenden wirklichen Gleichungen sich genauso wie dieses Modell verhielten.«

Die Lorenz-Gleichungen haben die Eigenschaft der Instabilität bezüglich der Anfangspositionen. Eine unmerkliche Modifikation dieser Anfangsposition wird im Verlauf der Bewegung vergrößert, um schließlich zu einer völlig anderen Bahn zu führen. Wenn man sich jetzt noch daran erinnert, wie Lorenz zu seinen Gleichungen gelangt ist, so kennt man den Grund, weshalb Vorhersagen in Sachen Wetter so schwierig sind. Die Gleichungen der Meteorologie besitzen selbst die Eigenschaft der Instabilität; der kleinste Beobachtungsfehler, die geringste Veränderung der Anfangsbedingungen lassen ein völlig anderes Bild entstehen. Man kann sogar das Maß der Vergrößerung der kleinen Abweichungen präzisieren: Sie werden in jeder Woche mit 4 multipliziert, in jedem Monat mit 300. Das ist das, was Lorenz so hübsch den »Schmetterlingseffekt« nennt: Der launische Flug eines Schmetterlings ruft eine Luftbewegung hervor, die das Wetter beeinflußt – gewiß nicht schon morgen, aber in einem Jahr. Daher die Schwierigkeit, langfristige Wettervorhersagen zu machen: Man müßte dazu schlechthin alles berücksichtigen! Kein Einfluß, so minimal er auch sei, ist a priori vernachlässigbar.

Man kennt heute viele mechanische oder physikalische Systeme, die dieselbe Art von Instabilität aufweisen, d. h. die die Anfangsabweichungen im Laufe der Bewegung vergrößern. Selbst wenn man versucht, exakt dieselbe Ausgangsbedingung zu reproduzieren: es wird zwangsläufig immer einen kleinen Fehler, eine leichte Abweichung geben. Diese vergrößert sich mit der Zeit, und langfristig beobachtet man eine völlig andere Entwicklung. In diesem Sinne ist das System nicht deterministisch: Man kann es nie zweimal denselben Weg nehmen lassen. Die Experimente sind nicht reproduzierbar, es sei denn mit absoluter Präzision, was aber praktisch nicht zu realisieren ist. Wenn man einen Würfel zweimal auf dieselbe Art wirft, wird man zweimal dieselbe Zahl erhalten. Leider kann aber kein Mensch einen Würfel zweimal auf dieselbe Art werfen, und deshalb wird das Würfeln als Glücksspiel angesehen und nicht als Geschicklichkeitsspiel. Hier ist der Ort, um Heraklit zu zitieren: »Man kann nicht zweimal in denselben Fluß steigen ... und nicht zweimal eine ihrer Beschaffenheit nach identische vergängliche Substanz berühren.« (Fragm. 91.)

Diese Art von deterministischen, aber unvorhersehbaren, weil instabilen Systemen war seit langem bekannt, und die Meister Maxwell und Poincaré haben bereits über deren Konsequenzen nachgedacht. Zitieren wir Maxwell: »Es ein metaphysischer Lehrsatz, daß dieselben Ausgangsbedingungen stets dieselben Folgen hervorbringen. Niemand würde dem widersprechen. Aber dieser Satz ist von geringem Nutzen in einer Welt wie dieser, in der niemals wieder dieselben Ausgangsbedingungen vorkommen und nichts sich zweimal exakt wiederholt. (...) Das entsprechende physikalische Axiom lautet, daß ähnliche Ausgangsbedingungen ähnliche Folgen hervorbringen. Doch sind wir hier von der Genauigkeit zur Ähnlichkeit, von der absoluten Präzision zu einer mehr oder weniger groben Annäherung übergegangen. Es gibt gewisse Arten von Phänomenen (...), bei denen ein kleiner Fehler in den Daten nur einen kleinen Fehler im Resultat zeitigt (...). Es gibt andere, kompliziertere Arten von Phänomenen, bei denen man den Fällen von Instabilität wiederbegegnen kann, deren Häufigkeit mit der

Zahl der Variablen außerordentlich rasch zunimmt« (1873). Im selben Sinne könnte man auch Poincaré zitieren.

Dies sollte uns dazu veranlassen, über die Art und Weise nachzudenken, wie wir die Gesetze der Physik anwenden. Wir haben eben gesagt, daß man sie von Rechts wegen nur auf das Gesamtsystem der Welt anwenden kann. In Wirklichkeit wendet man sie auf Subsysteme an, die man gedanklich oder im Laboratorium isoliert, wobei man beschließt, daß der Einfluß des übrigen Universums auf das untersuchte Subsystem vernachlässigbar ist. Das ist beispielsweise der Grund, weshalb man bei der Berechnung der Planetenbahnen nicht auf den Gedanken verfällt, die durch die benachbarten Sterne oder die fernen Galaxien bewirkten Störungen zu berücksichtigen. Aber dieses Vorgehen kann zu Überraschungen führen, sobald man es mit instabilen Systemen zu tun hat.

Wir befinden uns etwa in einem Billardsaal und sehen der Partie zu. Einer der Spieler ist dabei, seinen Stoß für eine Karambolage zu berechnen. Er vernachlässigt selbstverständlich die Störung, die das Gravitationsfeld der Zuschauer und speziell das meine auf die Bewegung der Bälle ausübt. Tatsächlich hat er damit Recht, aber doch nicht ganz. Die Berechnung zeigt, daß die Störung, die von einem neben dem Spieltisch stehenden Zuschauer ausgeht, in der Tat vernachlässigbar ist, wenn es sich nur um zwei Stöße handelt, jedoch ins Gewicht fällt, wenn es neun sind. M. a. W., wenn man eine Karambolage mit neun Bällen anstelle von zwei versucht, ist es unabdingbar, die Stellung der Zuschauer im Raum zu berücksichtigen.

Wie jedermann weiß, kann die thermische Bewegung eines Gases als eine dreidimensionale Billardpartie mit einer ungeheuren Anzahl von Bällen aufgefaßt werden. Wendet man hierauf dieselbe Rechnung an, so stellt man fest, daß ein Elektron am äußersten Rand des bekannten Universums, sagen wir in 10^{10} Lichtjahren Entfernung, seinen Einfluß vom sechsundfünfzigsten Stoß an geltend macht! Und alles im deterministischen Rahmen der Newtonschen Physik, ohne Rückgriff auf die Unschärferelation der Quantenmechanik.

Für derartig unstabile Systeme die Bahnen berechnen zu wollen ist also müßig. Man kann wohl eine numerische Simulation für eine Partie Billard mit drei oder zehn Bällen versuchen (von den 6 mal 10^{23} Kugeln, die man als Modell für ein Mol eines Gases benötigte, ist man allerdings weit entfernt!), die Positionen und Anfangsschwierigkeiten in den Computer eingeben und sich von ihm die Endpositionen und -geschwindigkeiten ausrechnen lassen. Das Ergebnis würde aber rasch jegliche Aussagekraft verlieren. Zum einen deshalb, weil der Computer Rundungsfehler macht: Er arbeitet mit zwölf oder vierundzwanzig Dezimalstellen und vernachlässigt die restlichen Dezimalstellen, die sich bei jeder Multiplikation oder Division ergeben. Diese Fehler vergrößern sich rasch, so wie in dem Problem von Lorenz, und verfälschen das Endergebnis. Zum anderen ist das System in Wirklichkeit eben nicht isoliert, sondern einer Vielzahl von Störungen unterworfen (Gegenwart des Experimentators im Zimmer, Bewegung eines Elektrons auf Sirius), die das mathematische Modell vernachlässigt. Wie wir gesehen haben, werden diese Störungen also rasch bedeutsam, so daß das berechnete Resultat, so exakt es sein mag, dennoch vom beobachteten Resultat weit entfernt ist.

Im vorangegangenen Abschnitt haben wir gesehen, wie ein deterministisches System als zufallsbedingt erscheinen kann, wenn uns ein geeigneter Teil der Information verborgen bleibt. Mit der gegenwärtigen Situation verhält es sich ein wenig anders. Die gesamte Information steht zur Verfügung; das Problem ist nur, daß man sie nicht zur Gänze verwerten kann. Man kann eine Position und eine Geschwindigkeit auf beliebig viele Dezimalstellen genau messen: es werden immer Dezimalstellen fehlen, um die Position und die Geschwindigkeit exakt zu bestimmen. Die minimale Abweichung zwischen den gemessenen Daten und den exakten Daten vergrößert sich schnell und mündet in einer wesentlichen Abweichung zwischen vorausgesagtem Resultat und beobachtetem Resultat. Das System erscheint zwar als deterministisch, ist langfristig aber unvorhersagbar.

Der Würfel steht zu unserer Verfügung, ebenso wie die Differentialgleichungen, die seine Bewegung bestimmen. Es hängt also nur von uns ab, ob wir eine Sechs würfeln. Doch leider ist das ein instabiles System, und wir können den Würfel niemals so hinreichend präzise werfen, daß er mit Sicherheit eine bestimmte Endposition erreicht.

Dieses Phänomen – die Ohnmacht des Kalküls, die wir schon anläßlich der Himmelsmechanik hervorgehoben haben – belegt einmal mehr das Scheitern der quantitativen Methoden. Aber gibt es denn überhaupt noch irgend etwas zu untersuchen, wenn wir schon darauf verzichten, die individuellen Bahnen vorherzusagen? Was kann man über ein unvorhersehbares System Wissenschaftliches aussagen?

Was das Würfeln betrifft, so ist die Antwort seit langem bekannt. Man darf nicht jeden einzelnen Wurf für sich betrachten, sondern man muß die Gesamtheit aller möglichen Würfe ins Auge fassen. Man kann dann sagen, daß die sechs möglichen Ergebnisse gleich häufig sind. Man sagt, daß jedes dieser Endergebnisse eine Wahrscheinlichkeit von 1/6 hat, und gründet hierauf die Wahrscheinlichkeitsrechnung.

Analoge Resultate sind seit 1960 für ganz allgemeine instabile Systeme von der Art der Lorenz-Gleichungen gefunden worden. Außer an die bereits genannten Namen, vor allem Smale und Sinai, ist hier an den Mathematiker Anosow und den Physiker Ruelle zu erinnern.

Das erste Problem besteht darin, in adäquater Form die Gesamtheit der langfristig möglichen Verhaltensweisen des Systems zu beschreiben. Im Fall des Würfelns ist das sehr leicht, weil der Würfel seine Bewegung damit beendet, daß er auf einer Seite liegen bleibt, und weil es nur sechs mögliche Endstellungen gibt. Im allgemeinen Fall, etwa bei den Lorenz-Gleichungen, ist die Sache viel komplizierter, weil die Bewegung unbegrenzt fortdauert und kein natürliches

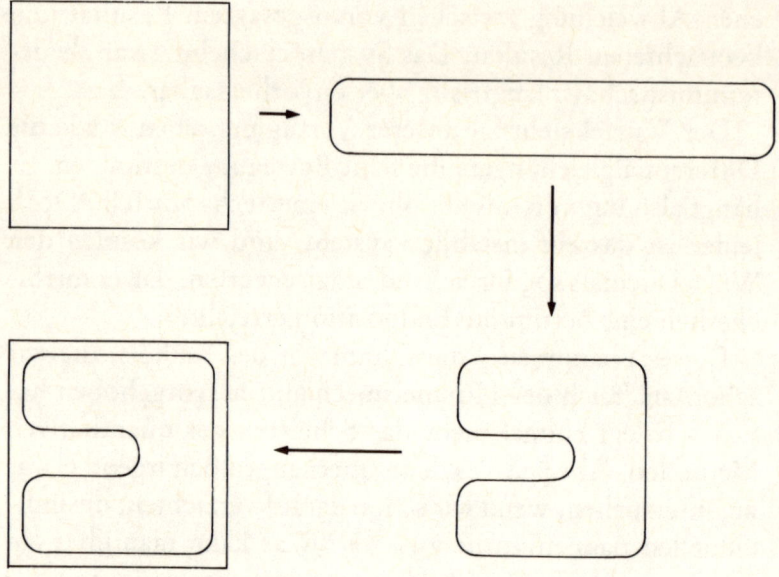

Figur A Smales Hufeisen.

Ende hat. Dennoch gelangt man dazu, eine oder mehrere »Bewegungen ins Unendliche« zu definieren, zu denen das System tendiert, unabhängig von der Ausgangsposition. Diese Bewegungen ins Unendliche sind generell von großer Kompliziertheit. Jede von ihnen vollzieht sich in einem Teil des Raumes, der nur ihr eigen ist, einem Zwischending zwischen einer Fläche und einem Volumen, und der den ausdrucksvollen Namen »seltsamer Attraktor« hat.

Wie ihr Name andeutet, sind die seltsamen Attraktoren schwer darzustellen. Das aussagekräftigste Bild ist Smales berühmtes »Hufeisen« (Figur A).

Zum besseren Verständnis dieses Bildes greifen wir auf das Bild des Bäckers zurück, der seinen Teig knetet; doch diesesmal knetet er ihn so gründlich, daß er ihn verdichtet, komprimiert, kurzum: sein Volumen verringert. Er nimmt also das quadratische Stück Teig, streckt es und walzt es, faltet es endlich und erhält so eine Art Hufeisen, das man un-

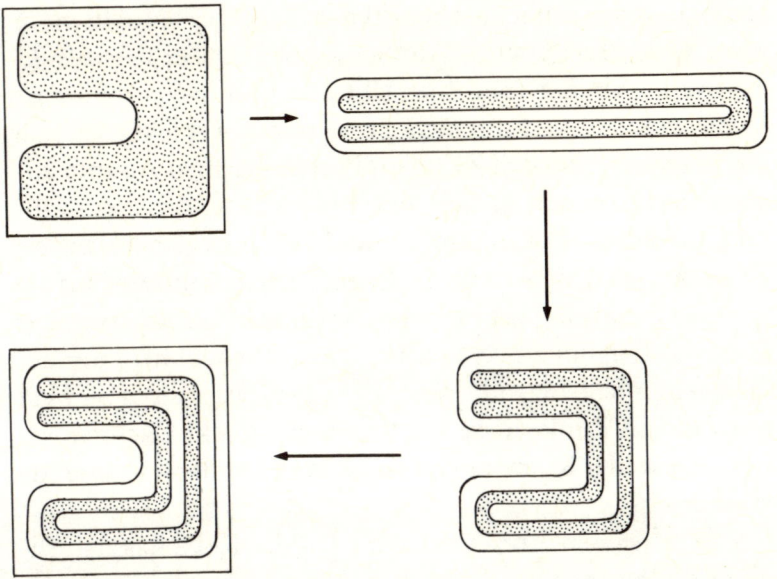

Figur B Die Abbildung des Hufeisens.

schwer in das ursprüngliche Quadrat einsetzen kann, so sehr ist es geschrumpft.

Man definiert auf diese Weise eine Transformation des Quadrats in sich selbst, eine Transformation, welche die Flächen kontrahiert, im Gegensatz zu der in Abbildung 18 gezeigten Bernoulli-Verschiebung.

Auf Figur A zurückkommend, kann man sich die Frage vorlegen, was aus den Punkten wird, die von Anfang an zu dem Hufeisen gehören. Wenn man Schritt für Schritt die Transformation verfolgt, bemerkt man, daß auch das Hufeisen selbst gestreckt, kontrahiert und gefaltet wird und daß schließlich sein Abbild im Quadrat mit der ursprünglichen Größe zwei Arme auf jeder Seite hat, insgesamt also vier Arme (Figur B).

Man kann so fortfahren und die sukzessiven Abbilder des Hufeisens im ursprünglichen Quadrat suchen. Man wird feststellen, daß jedes Abbild in den vorhergehenden enthalten ist und daß mit jedem Schritt das Abbild des Hufeisens in zwei Teile zerlegt wird. Am Schnittpunkt aller dieser sukzessiven Abbilder (und hier läßt uns unsere Vorstellungskraft im Stich) verbirgt sich ein seltsames Objekt, das sich aus einer unendlichen Zahl von Hufeisenarmen zusammensetzt und dennoch in sich zusammenhängend ist, ein Objekt, das allen Verwandlungen des Hufeisens gemeinsam ist: Es ist der seltsame Attraktor. Er entzieht sich unserer auf die gängige Erfahrung gegründeten, intuitiven Geometrie, aber er ist da. Um ihn zu veranschaulichen, braucht man nur der Bahn eines beliebigen Punktes des Quadrats zu folgen. Man wird diesen Punkt dann ein hybrides Objekt zeichnen sehen, das weder Kurve noch Fläche ist: Es ist der seltsame Attraktor.

Die seltsamen Attraktoren spielen die Rolle des natürlichen Endzustandes des Systems wie die sechs Endzustände beim Werfen eines Würfels. Sie sind Träger »finaler Bewegungen«, die analog zur Transformation des Bäckers, aber nicht Träger endgültiger Ruhelagen sind: Abgesehen davon ist die Übereinstimmung vollkommen. Sie sind zugleich Träger von Wahrscheinlichkeiten, die zwar schwieriger auszudrücken sind als das (1/6, 1/6, 1/6, 1/6, 1/6, 1/6) des Würfelns, die aber gleichwohl existieren und eine analoge Rolle spielen. Mehr könnten wir über sie kaum sagen, ohne den Rahmen dieses Buches zu sprengen. Wir würden dabei übrigens auf ein Gebiet vordringen, auf dem trotz aktiver Forschungen noch viele Fragen offen sind. So werden wir es dem Leser überlassen, sich seine eigene Vorstellung von den seltsamen Attraktoren zu bilden, indem wir ihm in Anhang 2 ein einfaches Beispiel, die Feigenbaumsche Bifurkation, vorlegen. Man wird dort sehen, wie das Erscheinen eines seltsamen Attraktors das Chaos in ein System trägt, dessen Verhalten bis dahin vollkommen regelmäßig war. Das ist übrigens auch der Grund, weshalb sich die Physiker so sehr für diese Fragen interessieren: Sie hoffen, das Phänomen der Turbulenz in Strömungen mit dem Vorhandensein von seltsamen Attraktoren in den entsprechenden Gleichungen in Zusammenhang zu bringen und auf diese Weise mathematische Modelle von Phänomenen zu erhalten, die sich bislang der Analyse entzogen haben.

Weit davon entfernt, lediglich ein armer Verwandter der quantitativen Methoden zu sein, den man in Ermangelung von Besserem eingeladen hat, erlaubt der qualitative Ansatz heute auf Gebieten einen beträchtlichen Fortschritt, die ebenso wichtig sind wie die Mechanik von Flüssigkeiten. Er profitiert sogar von der Stabilität, die den quantitativen Methoden versagt ist. In der Tat hat Anosow 1961 gezeigt, daß in den Systemen von der Art der Lorenz-Gleichungen, die instabil in bezug auf die Ausgangsbedingungen sind, die Wirkung einer kleinen Störung im wesentlichen darin besteht, die Bahnen auszutauschen. M. a. W., jede Bahn des gestörten Systems wird sich in der Umgebung einer Bahn des ursprünglichen, d. h. ungestörten Systems wiederfin-

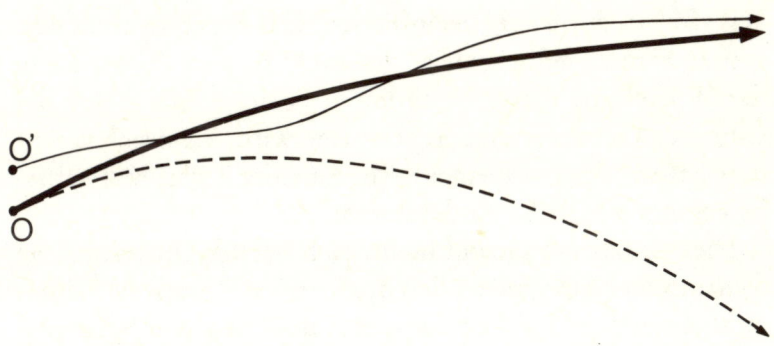

Instabilität: Die stark durchgezogene Linie stellt die Bahn des von der Anfangsposition O ausgegangenen Bezugssystems dar. Eine leichte Störung des Systems kann genügen, um diese Bahn völlig zu verändern (gestrichelte Linie). Gleichwohl gibt es eine Bahn des gestörten Systems, die in der Umgebung der Bezugsbahn des ungestörten Systems bleibt (schwach durchgezogene Linie): aber diese Bahn ist von einer anderen Anfangsposition ausgegangen (Punkt O' anstelle von O).

den. Diese beiden Bahnen werden nicht dieselben Anfangsbedingungen haben: Zum Zeitpunkt Null wie zu den folgenden Zeitpunkten werden ihre Positionen benachbart, aber voneinander unterschieden sein. Dabei bleibt die oben beschriebene Eigenschaft der Instabilität erhalten: Sie bedeutet, daß die Bahn des gestörten Systems, die zu den Anfangsbedingungen des ursprünglichen Systems gehört, sich bald weit von den beiden anderen Bahnen entfernt haben wird, wie es die obige Abbildung zeigt. Die Instabilität der einzelnen Bahnen ist daher mit einer Gesamtstabilität aller Bahnen zusammen verträglich.

Auf diese Weise ist alles stabil, was von der Gesamtheit der Bahnen abhängt, und alles instabil, was von einer einzelnen Bahn abhängt. So werden etwa die seltsamen Attraktoren sowie die Wahrscheinlichkeiten, deren Träger sie sind, durch eine kleine Störung nur wenig modifiziert. Um zu verstehen, worum es sich handelt, denken wir noch einmal an das Würfeln. Wenn man einen Würfel leicht verfälscht, wird man die sechs möglichen Ergebnisse dadurch nicht ändern, und man wird auch deren jeweilige Wahrscheinlichkeit von 1/6 nur wenig beeinflussen. Das Ergebnis eines einzelnen Wurfes jedoch, d. h. die Zahl, die sich ergibt, wenn der Würfel aus dieser bestimmten Position mit dieser bestimmten Geschwindigkeit geworfen wird, kann sich verändert haben, etwa von einer Sechs zu einer Zwei, was natürlich eine wesentliche Änderung ist.

Dies ist nur ein Grund mehr, sich bei der Untersuchung dynamischer Systeme an den qualitativen Ansatz zu halten: er allein erlaubt bei bestimmten Kategorien von Systemen eine Annäherung an die physikalische Realität. Die quantitativen Methoden, sofern ihre Berechnungen überhaupt durchführbar sind, sind unrealistisch, weil ihre Resultate sich nur auf ein System beziehen, das von jeglichen äußerem Einfluß, sei er auch noch so minimal, isoliert ist. Allein der qualitative Ansatz erlaubt es unter diesen Umständen, zu stabilen, d. h. gegen kleine Störungen unempfindlichen Objekten zu gelangen. Der Preis, den wir hierfür zu zahlen haben, ist hoch: Wir müssen darauf verzichten, im Einzelfall die Zukunft vorherzusagen. Will man unbedingt eine Voraussage treffen, so muß man sich mit einer kurzfristigen begnügen oder, wenn sie langfristig sein soll, auf die statistischen Methoden ausweichen.

Indessen sind die Erkenntnisse, die der qualitative Ansatz liefert, nicht zu unterschätzen. Die Identifizierung eines seltsamen Attraktors erlaubt es beispielsweise, die Entwicklung eines Systems zu verstehen, auch wenn sie nicht erlaubt, seine Zukunft vorherzusehen. Nunmehr wenden wir uns einem Gebiet zu, auf dem der qualitative Ansatz noch andere Möglichkeiten eröffnet: der Katastrophentheorie.

3

Die Rückkehr der Geometrie

Vorbemerkung

Man zögert nachgerade, die Feder zur Hand zu nehmen und nach so vielen anderen Autoren erneut über die Katastrophentheorie zu schreiben. Ich kann mich aber, trotz so vieler Erklärungen und Kommentare zu ihr, des Eindrucks nicht erwehren, daß der ungeheure Erfolg dieser Theorie und die Beachtung, die sie auch in Kreisen gefunden hat, die für mathematische Entdeckungen normalerweise wenig aufgeschlossen sind, wenigstens teilweise von einem Mißverständnis herrühren, hervorgerufen von der Magie der Worte.

Darum möchte ich zunächst hervorheben, daß es sich nicht um eine Theorie der Katastrophen handelt. Sie kündigt keine Katastrophen an: Wenn man das Datum des Weltuntergangs erfahren möchte oder wissen will, ob es einen Dritten Weltkrieg geben wird, ist man bei ihr an der falschen Adresse. Die Katastrophentheorie sagt überhaupt nichts voraus, weder Katastrophen noch sonst irgend etwas. Sie ist auch keine physikalische Theorie wie etwa die Relativitätstheorie. Sie stellt keinen notwendigen Zusammenhang zwischen der Gegenwart und der Zukunft her; man kann mit ihrer Hilfe nicht ableiten, daß morgen dies oder jenes eintreten wird, wenn heute dies oder jenes der Fall ist.

Sie ist eine wissenschaftliche Theorie, aber in dem Sinne, in dem auch die Evolutionstheorie eine solche ist. Das heißt, daß sie gewisse bekannte Tatsachen umgruppiert und zugleich einen abstrakten Rahmen zum Verständnis dieser Tatsachen liefert. Es ist ein Dechiffriercode, ein Raster, das der Wissenschaftler über die Phänomene legt und das aus dem Lärm im Hintergrund eine verständliche Sprache hervortreten läßt.

Geben wir Darwin das Wort: »Während der Reise auf der *Beagle* wurde ich zutiefst überrascht erstens von der Entdeckung, daß die in den Erdschichten der südamerikanischen Pampas gefundenen großen Tierfossilien mit einem Panzer bedeckt waren, der dem der heutigen Gürteltiere ähnlich war; sodann von der Regelmäßigkeit, in der zu ähnlichen Arten gehörende Tiere einander ablösten, je weiter man auf dem Kontinent nach Süden kam; endlich aber vom südamerikanischen Charakter der meisten Tierarten auf den Galapagosinseln, besonders davon, daß sie sich auf den einzelnen Inseln der Gruppe leicht voneinander unterschieden: keine dieser Inseln schien vom geologischen Standpunkt aus betrachtet sehr alt zu sein.« Ein Bündel von Tatsachen und Beobachtungen also, das so zufällig zu sein scheint wie der Inhalt einer Hosentasche. Die Arbeit des Wissenschaftlers schien sich darauf beschränken zu müssen, diese Tatsachen so exakt wie möglich zu beschreiben.

Aber jetzt tritt das Genie auf, das diese Beobachtungen aus einer Unzahl anderer, scheinbar genauso zufälliger heraushebt, sie sammelt, ordnet und endlich erstmals zum Sprechen bringt. »Ich war wohl darauf vorbereitet, den Kampf ums Dasein anzuerkennen, der sich überall findet, und mir kam blitzartig der Gedanke, ob nicht unter den gegebenen Umständen die begünstigten Variationen dazu neigen, am Leben zu bleiben, während die anderen, weniger begünstigten, vernichtet würden. Die Folge hiervon würde die Bildung neuer Arten sein. Endlich war ich dahin gekommen, eine Theorie formulieren zu können.«

Niemand bestreitet, daß die Evolutionstheorie eine wissenschaftliche Theorie ist. Ihre Verfechter, ihre Verächter und auch jene, die sie im Namen einer wörtlichen Auslegung des biblischen Schöpfungsberichts bekämpfen, sind sich hierüber einig. Und doch dürfte sie nicht einmal eine wissenschaftliche Theorie genannt werden, wenn man sie mit der Gravitationstheorie vergleicht. Newton sammelt verschiedenartigste Tatsachen, die Bewegung der Planeten, den Fall von Körpern, die Gezeiten, und bringt sie in Zusammenhang mit einem gemeinsamen Gesetz, das sie vollständig bestimmt. Er erklärt nichts, er ist sogar skeptisch, was die physikalische Realität einer Fernwirkung betrifft, aber er gibt ein normatives mathematisches Modell, das die betrachteten Phänomene, ihre Vergangenheit und ihre Zukunft vollkommen und vollständig beschreibt.

Darwin aber entdeckt dort eine innere Logik, wo bisher die Willkür eines Schöpfers zu walten schien, bringt scheinbar disparate Phänomene in eine harmonische Reihenfolge und läßt sie sich wechselseitig beleuchten. Doch ist sein Modell nicht normativ insofern, als es nicht den Weg zur Evolution beschreibt. Das berühmte Gesetz vom »*survival of the fittest*« ist weit davon entfernt, die Evolution der Tierarten in dem Sinne zu determinieren, wie das Newtonsche Gesetz der Massenanziehung die Planetenbewegungen determiniert.

Das Hauptverdienst der Evolutionstheorie liegt zunächst einmal darin, ein zentrales Faktum, die Evolution der Arten, entdeckt zu haben, unter das sich eine Vielzahl von Phänomenen ordnen läßt. Ferner besteht es darin, Vorstellungen zu liefern, die es erlauben, gewisse Übergänge zu verstehen. Für Lamarck wird dies die Fortentwicklung der Organe durch den von ihnen gemachten Gebrauch sowie die Vererbung erworbener Eigenschaften sein, für Darwin das Überleben dessen, der im Lebenskampf am besten angepaßt ist, und für den einen wie für den anderen die Vorstellung von der Anpassung der Arten an die Umwelt.

Niemandem fällt es ein, der Evolutionstheorie zum Vorwurf zu machen, daß sie die Richtung der Evolution nicht vorauszusehen vermag. Wie werden unsere Nachfahren in einer Million Jahren aussehen? Merkwürdigerweise ist das eine Frage, die keinen interessiert. Das Interesse gilt vielmehr unserer Vergangenheit: Wer waren unsere Vorfahren? Übrigens kann die Evolutionstheorie diese Frage ebensowenig beantworten wie die vorherige, obwohl dies ihr Anwendungsgebiet ist. Die Paläontologie des Menschen ist noch immer auf der Suche nach dem »missing link«, dem fehlenden Glied, das den *homo sapiens* mit dem Stammbaum aller Lebewesen verbindet.

Wie die Evolutionstheorie ist auch die Katastrophentheorie eine wissenschaftliche Theorie. Aufgrund eines Mißverständnisses bringt man sie gern mit dem Newtonschen Modell in Zusammenhang, d. h., man macht aus ihr eine normative und prognostizierende Theorie, was sie jedoch nicht ist. Dies rührt daher, daß sie auf einem sehr ausgefuchsten mathematischen Modell beruht, der Klassifikation der Singularitäten von Funktionen. Man denkt dann sofort an das Newtonsche Modell, das jedermann gegenwärtig ist, während die Evolutionstheorie keinen mathematischen Unterbau hat.

Das ist in doppelter Hinsicht falsch. Einerseits darf ein mathematisches Modell, selbst wenn es exakt ist, nicht prognostisch sein. Eben dies habe ich im ganzen vorigen Kapitel zu zeigen versucht. Wir haben gerade am Newtonschen Modell gesehen, daß die quantitativen Methoden, die darauf abzielten, die Zukunft in Abhängigkeit von der Gegenwart vollständig zu bestimmen, in den Hintergrund traten vor den qualitativen Methoden, die sich damit begnügten, einen allgemeinen Rahmen für die Zukunft aufzustellen. Die Katastrophentheorie, obwohl auf einem sehr ausgefeilten mathematischen Modell beruhend, ist nicht dazu berufen, normativ oder prognostizierend zu sein. Andererseits ist der Tag vielleicht nicht mehr fern, an dem wir ein mathematisches Modell der Evolutionstheorie besitzen. So läßt sich dank der Arbeiten J.-P. Aubins der Begriff der Lebenstüchtigkeit sehr gut in mathematischer Sprache darstellen. Er bringt zum Ausdruck, daß die biologischen oder sozialen Systeme eine erhebliche evolutionäre Trägheit besitzen: Sie behalten die einmal eingeschlagene Richtung bei, solange diese lebenstüchtig ist, d. h., solange sie das Überleben des Systems selbst nicht gefährdet.

Dissipative Systeme

Wir wollen uns nun einer ganz speziellen Kategorie von dynamischen Systemen zuwenden: den dissipativen Systemen.

Das sind diejenigen Systeme, deren Dynamik besonders einfach ist: Jede Bewegung schwächt sich mit der Zeit ab und strebt einem Zustand der Ruhe zu. Die möglichen Ruhelagen nennt man *Gleichgewichte*.

Wir wollen dies präzisieren. Ein dissipatives System kann eine oder mehrere Gleichgewichtslagen einnehmen. Wenn zum Ausgangszeitpunkt das System in eine Gleichgewichtslage gebracht wird und die Geschwindigkeit Null hat, wird es diese Lage niemals mehr verlassen: Die Bewegung besteht in diesem Fall in einem unbegrenzten Verharren in der Gleichgewichtslage. Bei jeder anderen Anfangsbedingung – sei es, daß das System aus der Gleichgewichtslage gebracht wurde, sei es, daß man ihm eine gewisse Anfangsgeschwindigkeit gibt – entsteht eine Bewegung. Aber diese Bewegung schwächt sich zunehmend ab: Die Geschwindigkeit wird immer geringer, und das System nähert sich asymptotisch einer Grenzlage, die sich als Gleichgewicht erweist.

Ein dissipatives System zeichnet sich also durch eine besonders einfache Dynamik aus: Es wird durch die Kenntnis seiner Gleichgewichte charakterisiert. Unabhängig von dem Wert der Anfangsbedingungen Lage und Geschwindigkeit wird sich das System nach Ablauf einer gewissen Zeit immer in der Nähe eines Gleichgewichts befinden. Es wird also auch keine periodische Bahn haben, wie etwa in dem Keplerschen Problem, bei dem der bewegliche Körper immer wieder dieselben Punkte passiert, sie aber sogleich wieder verläßt. Noch weniger wird es kompliziertere Bahnen stochastischen Charakters geben, wie man sie in der Himmelsmechanik beobachtet hat. Bei einem dissipativen System sind alle Bahnen auf ein Gleichgewicht gerichtet und verharren auf unbegrenzte Zeit in dessen Umgebung.

Das bekannteste Beispiel für ein dissipatives System ist das gedämpfte Pendel. Wir versehen es mit einer festen Stange, was die Beobachtung großer Pendelausschläge erleichtert. Die Vorrichtung besteht also aus einer festen Stange, die an ihrem einen Ende drehbar aufgehängt ist, während am anderen Ende eine Kugel befestigt ist – natürlich aus Kupfer, weil das so Tradition ist.

Eine bestimmte Art des Gleichgewichts stellt man sofort fest: Pendelstange senkrecht, Kugel unten. Wenn man das Pendel in dieser Lage, ohne Anfangsgeschwindigkeit, beläßt, wird es sich in der Tat nicht mehr rühren. Weniger offenkundig ist, daß es noch eine andere Art des Gleichgewichts gibt: Pendelstange senkrecht, Kugel oben. Wenn man das Pendel in exakt dieser Position beläßt, ohne ihm die geringste Geschwindigkeit zu erteilen, wird es sich ebenfalls nicht rühren. Dies ist ein Gleichgewicht, das zwar existiert, aber es ist labil und als solches experimentell schwierig zu beobachten. Die geringste Abweichung von der Vertikale, der kleinste Anfangsimpuls vergrößern sich und führen dazu, daß das Pendel fällt und in die andere Gleichgewichtslage übergeht.

Wenn man nun dem Pendel eine beliebige Bewegung mitteilt, etwa durch seitliches Auslenken aus der Vertikalstellung und Loslassen oder durch Anstoßen, so wird man sehen, daß sich die Bewegung nach und nach abschwächt und endlich in die Gleichgewichtslage übergeht: Erst kommen, falls man das Pendel fest genug angestoßen hat, einige vollständige Umdrehungen, dann ein paar weite Schwingungen, die allmählich kleiner werden, und schließlich ganz kleine Ausschläge um die Vertikalstellung, die immer schwächer werden. Man stellt auf diese Weise fest, daß die vertikale Position, mit der Kugel unten, ein stabiles Gleichgewicht und daher experimentell leicht herzustellen ist. Wenn das Pendel ein wenig von ihm abweicht, findet es durch die Bewegung von selbst dorthin zurück.

Die Abschwächung der Bewegung geht auf das Konto der verschiedenen im System auftretenden Reibungswiderstände, besonders des Luftwiderstands. Man kann sie auch vergrößern, beispielsweise dadurch, daß man unsere Vorrichtung ins Wasser stellt: Man sieht dann, wie das Pendel sogleich, ohne irgendwelche Schwingungen, die Gleichgewichtslage einnimmt. Diese Reibung bewirkt, daß die Energie des Systems in Wärmeenergie »dissipiert« (lateinisch »dissipare« = verteilen, zerstreuen). Die kinetische Energie, d. h. derjenige Teil der Energie, der in die Bewegung investiert wurde, kann nur immer kleiner werden. Wenn sie gegen Null geht, hört die Bewegung in einer Gleichgewichtslage auf. Soviel zur Bezeichnung »dissipatives System«.

Schon dieses einfache Beispiel zeigt uns, daß wir zu unterscheiden haben zwischen stabilen und labilen Gleichgewichtslagen. Beides sind Lagen, in denen das System unbegrenzt verharren kann; aber nur die stabilen Lagen können andere Bahnen anziehen und daher eine Rolle bei der globalen Beschreibung von Bewegungen spielen. Dieser Unterschied wird noch deutlicher hervortreten, wenn wir nun ein zweidimensionales Beispiel betrachten.

Wir legen eine Kugel in eine Schale. Sie wird an der Innenwand der Schale entlangrollen, vielleicht auch -rutschen. Wegen der Reibung wird sie schließlich immer auf dem Boden der Schale zur Ruhe kommen.

Nun geben wir der Schale eine kompliziertere Form. Wir wollen sie asymmetrisch haben; der Boden soll aus zwei

Vertiefungen bestehen, die durch eine Schwelle voneinander getrennt sind. Wenn wir wieder unsere Kugel loslassen, wird ihre Bewegung zweifellos komplizierter sein, aber letzten Endes wird sie doch wieder auf dem Boden der Schale liegen bleiben. Diesmal gibt es jedoch zwei mögliche Gleichgewichtslagen, auf dem Boden jeder Vertiefung eine, und beide sind stabil. Es gibt jedoch noch eine dritte, allerdings labile, und zwar irgendwo auf der Schwelle zwischen den beiden Mulden: Irgendwo auf dieser Schwelle muß sich ein Scheitelpunkt befinden, auf dem die Kugel im Gleichgewicht verharrt, unschlüssig, nach welcher Seite sie hinunterrollen soll. Schon der geringste Anstoß genügt, um sie aus ihrer Unschlüssigkeit zu befreien und in eine der beiden stabilen Gleichgewichtslagen fallen zu lassen.

Man kann die Sache noch weiter komplizieren und die Zahl der möglichen Gleichgewichtslagen vergrößern. Man erhält dann eine Landschaft, die in Becken gegliedert, durch Höhenzüge geteilt und durch Sattelpunkte verbunden ist. Die wesentlichen Merkmale des Reliefs sind einerseits die Tiefpunkte der Becken, andererseits die Kammlinien. Letztere werden abwechselnd von Scheitelpunkten und Sattelpunkten markiert: Auf einer Kammlinie, die zwei Scheitelpunkte miteinander verbindet, muß sich stets auch ein Sattelpunkt befinden.

Eine physikalische Analogie zur Bewegung in diesem Gelände bietet das Verlaufen des Regenwassers. Der Regen rinnt die Hänge hinab und sammelt sich am Boden der Becken, wo sich Seen bilden: Das sind die stabilen Gleichgewichtslagen. Die Wasserscheiden, d. h. die natürlichen Grenzen zwischen zwei Becken, sind die Kammlinien. Auf ihnen befinden sich labile Gleichgewichtslagen, also Sattel- oder Scheitelpunkte, wo das Wasser ebensogut in das eine wie in das andere Becken fließt.

In dieser Weise kann man sich auch generell die dissipativen Systeme vorstellen. Es ist vielleicht ein gewisser Aufwand nötig, um das adäquat zu definieren, was man den

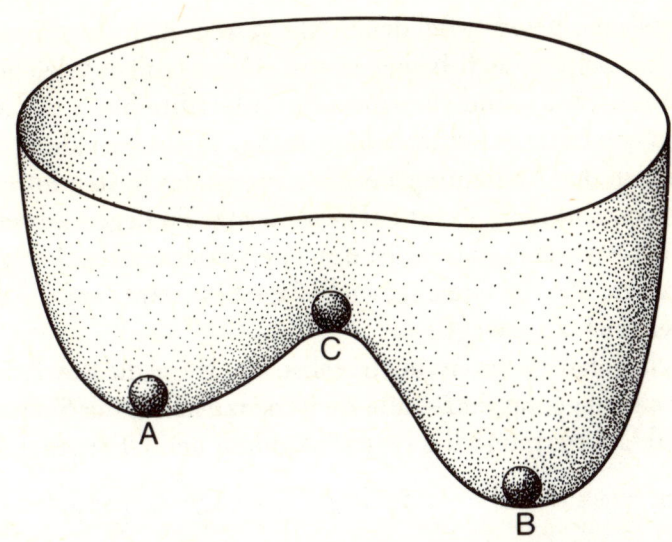

24 Die asymmetrische Schüssel. Abgebildet sind die drei Gleichgewichts-
punkte: zwei stabile Gleichgewichtszustände (A und B) und ein labiler (C).

»Systemzustand« nennt. Bei Systemen, die durch Differentialgleichungen zweiter Ordnung beschrieben werden,
wie etwa das Pendel oder die Kugel in der Schale, wird der
Systemzustand durch die Angabe von Ort *und* Geschwindigkeit gegeben und nicht allein durch den Ort. Unter Beachtung dieses Punktes ist es angebracht, eine Analogie zwischen der Bewegung eines dissipativen Systems, d. h. der
zeitlichen Abfolge seiner Zustände, und dem Verlaufen des
Regenwassers in bergigem Gelände herzustellen. Man wird
eine gewisse Anzahl von stabilen Gleichgewichtslagen erhalten, die sich den Raum der Systemzustände so aufteilen, daß
jeder Zustand eine Anziehung in Richtung der zugehörigen
Gleichgewichtslage erfährt. Jede Bewegung, die in einem
solchen »Anziehungsbecken« begonnen hat, tendiert dann
unweigerlich zur Ruhelage in dem entsprechenden stabilen
Gleichgewicht, so wie das Regenwasser in den See rinnt. Die
Grenzen zwischen den Becken sind mit labilen Gleichge-

wichtslagen besetzt, bei denen das System nicht weiß, nach welcher Seite es sich bewegen soll. Diese labilen Gleichgewichtszustände sind für eine Gesamtbeschreibung des Systems von untergeordneter Bedeutung. Wichtig ist allein der Lageplan der Anziehungsbecken. Sofern das Systen im Anfangszustand nicht exakt auf eine Grenze zu liegen kommt, was ein Ausnahmefall ist, ist ihm ein Anziehungsbecken zugeordnet, das die Gleichgewichtslage bestimmt, auf die das System sich zubewegt.

Es liegt nahe – und ist auch realistisch, wenn die Bewegungen schnell genug sind –, alle Zwischenzustände des Systems einzuklammern und die Dynamik durch den Übergang:

Anfangszustand → endgültiger Gleichgewichtszustand

zusammenzufassen.

Dazu sind zwei Dinge zu bemerken. Erstens ist diese Zuordnung nicht stetig: geringfügige Änderungen des Anfangszustandes können zu einem anderen endgültigen Gleichgewichtszustand führen. Hierzu würde es schon reichen, den anfänglichen Zustand in die Nähe einer Grenze zu placieren; eine kleine Verschiebung würde ihm gleichsam zu einem Entschluß verhelfen und ihn in ein anderes Anziehungsbecken stürzen lassen. Zweitens wird man nur selten etwas anderes als Gleichgewichtslagen beobachten: Wenn die Bewegungen hinreichend schnell sind, beansprucht der Übergang zum Gleichgewicht nur kurze Zeit, während der Gleichgewichtszustand selbst prinzipiell in alle Ewigkeit erhalten bleiben kann.

Bei komplexeren dissipativen Systemen hat der Raum der Systemzustände mehr als zwei Dimensionen: zehn, hundert, tausend und noch mehr. Das bedeutet, daß man zehn, hundert oder tausend unabhängige Variablen benötigt, um einen Systemzustand vollständig zu beschreiben. Dennoch bleibt die Analogie zu dem soeben beschriebenen zweidimensionalen System, dem Verlaufen des Regenwassers auf einem Relief, weiterhin gültig. Dieses Relief hat selbst einen

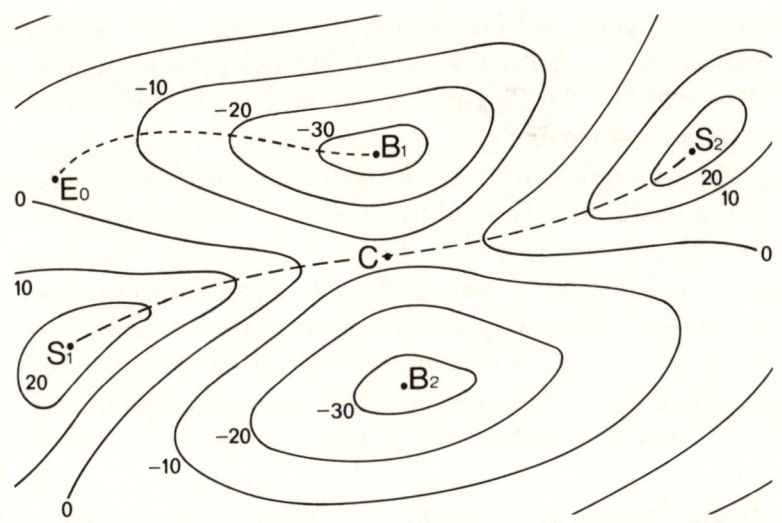

25 Das Potential eines dissipativen Systems, dargestellt anhand seiner Höhenlinien. Das System »fließt« von Natur aus einem der beiden stabilen Gleichgewichtszustände B_1 oder B_2 am Boden der Becken entgegen. Wird es auf einen der Scheitelpunkte S_1 oder S_2 oder auf Sattelpunkt C gelegt, verharrt es in einem labilen Gleichgewicht. Eingezeichnet sind die Kammlinie, die die beiden Becken trennt, und eine typische, von E_0 ausgehende Bahn: Sie schneidet alle Höhenlinien im rechten Winkel.

Namen: Man bezeichnet es als das *Potential* des Systems. Präziser formuliert: jedem Systemzustand ist genau ein Punkt auf der Basisfläche des Reliefs zugeordnet, und die Höhe des Reliefs über diesem Punkt wird mit einer Zahl gemessen, die den Wert des Potentials für diesen Zustand ausdrückt.

Den elementaren Gedanken, daß das Wasser bis zum Boden der Becken hinabrinnt und sich dort staut, drückt man wissenschaftlich so aus: »Die stabilen Gleichgewichtslagen sind die Minima des Potentials«. Ein Minimum ist der niedrigste Punkt in einem Becken, ein Maximum der höchste Punkt eines Gipfels. Wir werden von nun an vom »Potential« und nicht mehr vom »Relief« sprechen: das klingt wis-

107

senschaftlicher und läßt weniger an Alpinismus denken. Statt zu sagen, daß das Wasser die Hänge hinabrinnt, werden wir sagen: das Potential nimmt entlang den Bahnen des Systems ab. Genauer gesagt: wenn man von einem Anfangszustand E_0 zum Zeitpunkt 0 ausgeht, dann sind die späteren Zustände E_t vollständig durch die Differentialgleichungen bestimmt. Vergleicht man den Wert $V(E_t)$ des Potentials zum Zeitpunkt t mit seinem Wert $V(E_T)$ zu einem späteren Zeitpunkt $T>t$, so wird man feststellen, daß er abgenommen hat, d. h. daß $V(E_T)$ kleiner ist als $V(E_t)$. Eine Gleichheit beider Werte kann es nur geben, wenn der Zustand selbst zwischen t und T tatsächlich unverändert geblieben ist, und das bedeutet, daß $E_t = E_T$ eine Gleichgewichtslage ist. Aus dieser mathematischen Hypothese ergeben sich verschiedene Folgen, insbesondere die Unumkehrbarkeit oder Irreversibilität der Bewegung. Sobald die Bewegung einmal begonnen und den Anfangszustand verlassen hat, kann man sie nicht mehr rückgängig machen. Praktisch heißt das, daß das Potential, da es nur abnehmen kann, nicht zweimal denselben Wert durchlaufen kann. Das schließt beispielsweise periodische Bahnen aus, die immer wieder dieselben Zustände durchlaufen.

Beispiele für dissipative Systeme gibt es in der Natur in Hülle und Fülle, und das mit ihnen verknüpfte Potential hat im allgemeinen eine bekannte physikalische Bedeutung. Sobald ein mechanisches System seine Energie durch Reibung verliert, ohne daß diese Reibungsverluste von außen wettgemacht werden, handelt es sich um ein solches dissipatives System, und das Potential ist nichts anderes als die Energie des Systems. Andere Systeme sind in indirekter Weise dissipativ. So teilt die klassische Thermodynamik den physikalischen Systemen diverse Funktionen wie freie Energie, freie Enthalpie, chemisches Potential, Entropie zu, die unter wohldefinierten Umständen die Rolle des Potentials spielen. Eben daher rührt die Irreversibilität der Zeit in der Thermodynamik.

Das gilt z. B. für Gase. Das Potential des Gases ist eine Funktion seines Volumens, seines Druckes und seiner Temperatur. Das Gleichgewicht erhält man dadurch, daß man denjenigen Zustand ermittelt, in dem dieses Potential minimal ist. Man erhält dann eine Beziehung zwischen diesen drei Variablen, die für ein ideales Gas die Form des Boyle-Mariotteschen Gesetzes, $PV = RT$, hat und bei einem realen Gas etwas komplizierter ist. Hervorzuheben ist, daß diese Relation nur für den Gleichgewichtszustand gilt, daß sich aber das thermodynamische Potential im Prinzip auf alle denkbaren Zustände des Gases erstreckt, insbesondere auch auf diejenigen, für die das Boyle-Mariottesche Gesetz nicht gilt.

Diese letzteren werden also niemals beobachtet, es sei denn in besonderen Versuchsanordnungen. Sie treten nur in dem sehr kurzen Zeitraum eines Übergangs in den Gleichgewichtszustand auf, sofern es physikalisch gelungen ist, einen Anfangszustand herzustellen, der nicht selbst schon ein Gleichgewicht war, d. h. für den nicht das Boyle-Mariottesche Gesetz gilt. Man muß beispielsweise einen lokalen Überdruck erzeugen oder dem Gas ein zusätzliches Volumen öffnen. Außerdem werden diese Übergänge von den drei Variablen (Druck, Volumen, Temperatur) nur schlecht erfaßt, da diese eben nur für den Gleichgewichtszustand wohldefiniert und räumlich konstant (ortsunabhängig) sind. Man müßte eine viel subtilere Systembeschreibung durch zusätzliche Variablen einführen oder sogar auf das Modell Boltzmanns zurückgreifen, d. h. auf die Beschreibung der Bewegung einzelner Moleküle.

Die der Realisierung und Stabilität des thermodynamischen Gleichgewichts zugrunde liegende Dynamik hat also nur virtuellen Charakter. Die thermodynamischen Variablen sind für den Gleichgewichtszustand definiert, sonst aber nicht. Das thermodynamische Potential liefert zwar in guter Weise die Gleichgewichtszustände, aber man kann ihm kein realistisches Modell für den Übergang von Ungleichgewichts- zu Gleichgewichtszuständen entnehmen. Es beschreibt die Statik, nicht aber die Dynamik.

So wird man wieder auf den Gedanken gebracht, daß in den dissipativen Systemen allein die stabilen Gleichgewichtszustände von Bedeutung sind, während die ihnen zugrunde liegende Dynamik ignoriert werden kann. Dieser Gedanke geht von der einfachen Feststellung einer Erfahrungstatsache aus: Die realen Systeme werden immer im Gleichgewichtszustand, also in der Ruhelage beobachtet. Aber dieser Gedanke hat schwerwiegende Konsequenzen. Es wäre dann legitim, für ein ersichtlich statisches Phänomen ein dynamisches Modell vorzuschlagen: Man beschreibt das Phänomen durch ein dissipatives System, wobei man im obigen Sinne argumentiert. Mehr noch, es würde dann wenig ausmachen, daß das vorgeschlagene Potential eher den Eindruck einer mathematischen Konstruktion als den einer physikalischen Realität machte (denn welches Instrument mißt schon unmittelbar die Entropie oder die Enthalpie, so wie ein Thermometer die Temperatur mißt?), ja daß die Dynamik, die das Modell zeichnet, um die Übergänge zum Gleichgewichtszustand wiederzugeben, unrealistisch wäre.

In der Thermodynamik ist das nicht weiter schlimm, weil man hier immer auf andere, subtilere Modelle zurückgreifen kann, um die Nichtgleichgewichtszustände zu beschreiben. Aber die Versuchung ist groß, Phänomenen, deren Mechanismus uns verborgen ist, ein mathematisches Modell in Gestalt eines dissipativen Systems überzustülpen, ohne zu untersuchen, warum ein solches Modell passend sein sollte und ohne das vorgeschlagene Potential auf irgendeine phänomenologische Grundlage zu stellen. Man beschränkt sich darauf, zu verifizieren, daß das vorgeschlagene Potential ebensoviele Minima aufweist, wie das untersuchte Phänomen stabile Formen hat, und auf dieser vagen Grundlage eine Korrespondenz zwischen beidem zu postulieren. Es ist einleuchtend, daß eine solche Methode zu nichts Besonderem führen kann. Dennoch sind schon viele dieser Versuchung erlegen, besonders dort, wo man nach Anwendungsmöglichkeiten der Katastrophentheorie auf die Humanwissenschaften gesucht hat, während man doch gerade auf diesem Gebiet die Annahme der Existenz eines Potentials kritisch betrachten muß, weil es für eine derartige Annahme weder eine theoretische Begründung noch eine experimentelle Bestätigung gibt.

Katastrophen

Immerhin haben auch die realen Systeme Züge, die man einigermaßen realistisch durch ein dissipatives System beschreiben kann. Das mathematische Modell, vorausgesetzt, man kann es vollständig beschreiben, ergibt sich dann in der Form eines Potentials, das die Entwicklung einer Vielzahl von Variablen bestimmt. Diese Variablen, die wir von nun an »innere Variablen« nennen wollen, definieren den Zustand des Systems. Selbst wenn das System nur wenig komplex ist, wird für seine vollständige Beschreibung eine große Zahl von inneren Variablen notwendig sein, die alle das Potential beeinflussen. Der mathematische Ausdruck für das Potential interessiert uns im Augenblick wenig; es genügt uns, zu wissen, daß er existiert. Seine Minima sind stabile Gleichgewichtszustände, und das System wird naturgemäß in einem von ihnen zur Ruhe kommen.

Wirken wir nun auf das System von außen ein. Um genau zu sein: nehmen wir an, daß das System von einer gewissen Anzahl äußerer Parameter abhängt und daß wir zwei von ihnen beeinflussen. Die Werte dieser beiden Parameter gehen ja in den Ausdruck für das Potential ein, und sie zu ändern läuft darauf hinaus, das Potential zu ändern und damit die Gleichgewichtszustände zu verschieben.

111

Zum besseren Verständnis empfiehlt es sich, auf die Analogie aus der Geographie zurückzugreifen. Das Potential ändern heißt, das Relief ändern. Man kann die Höhenzüge entweder aufstocken oder sie abtragen, man kann die Becken ausbaggern oder aber zuschütten. Dabei werden die Becken sich verformen, ihr Boden sich verschieben. Wenn sich auf dem Beckenboden ein See befindet, wird sich dessen Lage mit den Bewegungen des Geländes verändern. Auch die Grenzen zwischen den Becken werden sich verschieben, und das Wasser, das bisher in den einen See geflossen ist, wird künftig in einen anderen fließen.

Diese Veränderungen, obgleich stetig und regelmäßig, können in Phänomenen zum Ausdruck kommen, die zu sehr raschen Veränderungen führen. Wenn ein Sattel das Becken eines Bergsees abschließt, kann der Sattel niedriger werden, ohne daß dies von besonderem Einfluß auf den See wäre. Wenn er sich indessen soweit abflacht, daß er den Spiegel des Sees selbst erreicht, kann er das Wasser nicht mehr eindämmen, und der See fließt aus. Die Grenze zu dem nächsten bergab gelegenen Becken verschwindet, und die beiden Seen bilden nur noch einen See.

Es gibt also für die Höhe des Sattels einen kritischen Wert, und zwar die Höhe des Sees selbst. Solange man diesen nicht überschreitet, haben die Variationen in der Höhe des Sattels nur einen geringen Einfluß. Sobald man ihn jedoch in der einen oder anderen Weise überschreitet, beobachtet man eine wesentliche Veränderung: das Erscheinen oder Verschwinden eines Sees.

Das ist das, was Thom »Katastrophe« getauft hat.

Präzisieren wir das an einem eindimensionalen Modell, d. h. an einem System, das durch eine einzige innere Variable beschrieben wird. Für das in Position A gezeigte Potential sieht man, daß das System zwei stabile Gleichgewichtszustände hat. Deformieren wir nun vorsichtig das Potential: Die folgenden Abbildungen zeigen die einzelnen Etappen. Es gibt kaum nennenswerte Veränderungen, lediglich eine

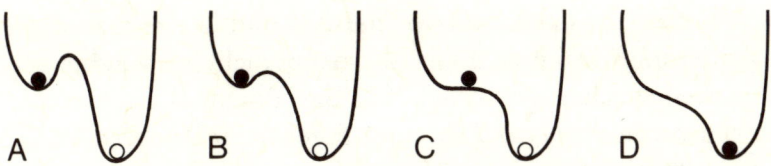

26 Schwarz eingezeichnet ist die Lage der Kugel während des Übergangs A → B → C → D. Beim Rückweg in umgekehrter Richtung, D → C → B → A, bleibt die Kugel in der weiß eingezeichneten Lage.

kontinuierliche Verschiebung der Gleichgewichtszustände bis zur Position C. Das ist der Augenblick, wo der die beiden Vertiefungen trennende Sattel verschwindet. Einer der Gleichgewichtszustände verschwindet zugunsten des anderen. Von nun an hat das System nur noch einen einzigen stabilen Gleichgewichtszustand und ein einziges Becken.

Man kann dies mit Hilfe einer Kugel verdeutlichen, die man zu Anfang in die obere Gleichgewichtslage bringt. Im Verlauf der Deformation rührt sie sich kaum, bis zu dem Augenblick, in dem dieses Gleichgewicht verschwindet (Position C). Dann fällt sie in die untere Gleichgewichtslage und bleibt dort liegen. Will man den umgekehrten Weg einschlagen, muß man feststellen, daß die Kugel nicht mehr in ihre ursprüngliche Lage zurückkehrt! Das untere Becken entleert sich eben niemals in das obere Becken. Wenn man zur Stufe C zurückkommt, tut die Kugel keinen Sprung nach oben, sondern bleibt unten liegen, und schließlich befindet man sich wieder in der Ausgangslage A, nur daß die Kugel in der unteren Gleichgewichtslage verblieben ist.

Wir können jetzt festhalten, was wir in bezug auf ein allgemeines dissipatives System unter *Katastrophe* verstehen wollen: das Verschwinden eines stabilen Gleichgewichts und die Herstellung eines anderen stabilen Gleichgewichts, und zwar infolge einer kontinuierlichen Änderung des Potentials.

Wichtig ist dabei, auf welche Art und Weise man diese Änderung vornimmt. Es ist überhaupt nicht notwendig, den mathematischen Ausdruck für das Potential zu kennen, ebensowenig wie die Zahl oder Eigenart der inneren Variablen des Systems. Es genügt zu wissen, daß sie existieren: Man hat es mit einer »black box« zu tun, für deren Inhalt man sich nicht interessiert. Man verzichtet darauf, die innere Struktur des Systems zu beschreiben, und trachtet nur danach, es anhand seiner Reaktionen auf äußere Störungen zu erfassen. So ergibt sich eine rein phänomenologische Beschreibung: Das System ist nichts anderes als die virtuelle Gesamtheit seiner möglichen Antworten auf Anstöße der Außenwelt.

Natürlich handelt es sich nicht darum, alles auf einmal zu verändern. Entscheidend für die Anwendung der Katastrophentheorie ist, daß man eine kleine Zahl von Parametern wählt (ein, zwei oder drei), die man gleichzeitig variiert, während alle anderen Größen festgehalten werden. Die für diese äußeren Parameter gewählten Werte werden dann durch einen einzigen Punkt in einem ein-, zwei- oder dreidimensionalen Raum markiert. Wenn man diese Werte kontinuierlich ändert, d. h., wenn sich der sie repräsentierende Punkt verschiebt, wird auch das Potential des Systems in entsprechender Weise geändert. Das System, das sich ursprünglich in einem stabilen Gleichgewichtszustand befand, folgt dessen Veränderungen. Sie sind kontinuierlich, bis zu dem Zeitpunkt, an dem dieses Gleichgewicht zugunsten eines anderen Gleichgewichts verschwindet. Dies kann bei verschiedenen kritischen Werten der Parameter, den sogenannten Katastrophenwerten, eintreten. Sie bilden im Raum der Parameter eine Grenze, deren Überschreitung das System von einem Gleichgewichtszustand zu einem anderen umkippen läßt. Dieser Übergang muß sich folglich durch eine Diskontinuität bei den Beobachtungen anzeigen, manchmal durch eine qualitative Veränderung, etwa einen Phasenübergang (Verdampfung, Kondensierung usw.)

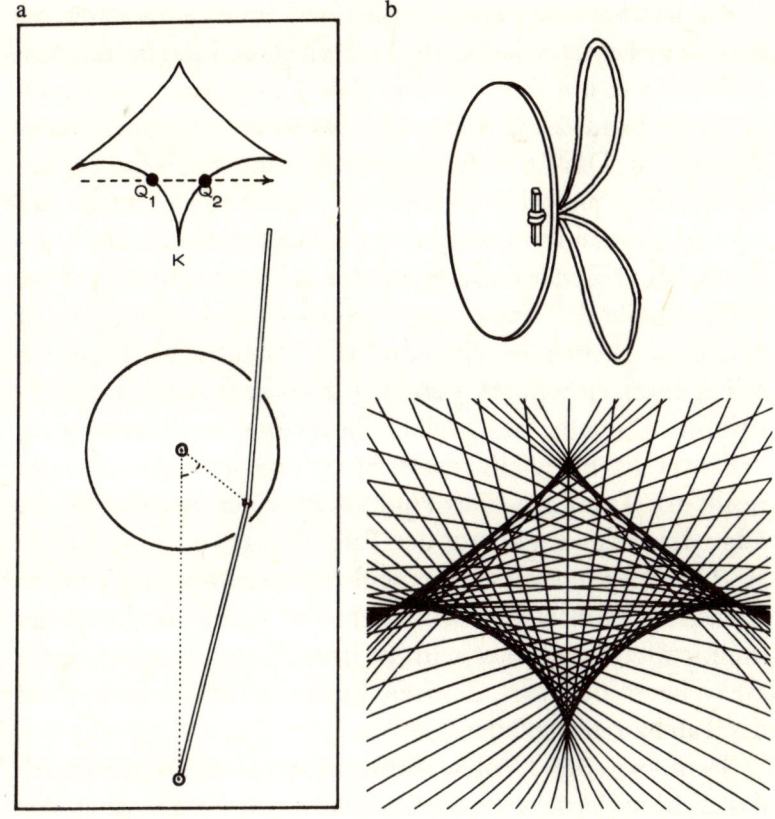

Zeemans Katastrophenmaschine. Die linke Seite der Zeichnung (a) zeigt den Aufbau des Geräts: die bewegliche Scheibe, das untere, fixierte Gummiband und das bewegliche obere Gummiband. Indem man das freie Ende des Gummibandes in der Ebene verschiebt, treten Übergänge an bestimmten Punkten auf, die eine viereckige Figur bilden. Wenn man beispielsweise das freie Ende von links nach rechts zieht (gestrichelte horizontale Linie), vollführt die Scheibe eine abrupte halbe Umdrehung, wenn man sich dem Punkt Q_2 nähert. Führt man dieselbe Bewegung von rechts nach links aus, so springt die Scheibe am Punkt Q_1. Der Punkt K markiert einen Knick. Die rechte Seite der Zeichnung (b) verdeutlicht, wie man die Gummibänder an der Scheibe befestigen kann und zeigt eine Computerberechnung des von den Katastrophenpunkten begrenzten Vierecks (T. Poston und A. Woodcock). (E. C. Zeeman: *Catastrophe Theory.* Addison-Wesley 1977.)

Zeeman hat eine »Katastrophenmaschine« entwickelt. Sie besteht aus einer Scheibe, die flach an einer Tafel befestigt ist und sich frei um ihre Achse drehen kann. An einem Punkt auf dem Rand der Scheibe sind zwei starke Gummibänder angebracht. Das Ende des einen Gummibandes ist an der Tafel befestigt, und zwar so weit von der Scheibe entfernt, daß das Gummiband stets gespannt ist. Das freie Ende des anderen Bandes hält der Experimentator mit der Hand an eine beliebige Stelle der Tafel. Dieses System ist dissipativ; es ist eine ganz elementare Aufgabe, sein Potential als Funktion seiner einzigen inneren Variablen zu berechnen, die die Position der Scheibe beschreibt. Uns genügt es, festzustellen, daß das Gleichgewicht aus der Spannung der Gummibänder resultiert. Die Lage eines Punktes auf einer Ebene, also die Lage des freien Endes auf der Tafel, hängt von zwei Zahlen ab. Damit haben wir die beiden Parameter, die auf Zeemans Katastrophenmaschine einwirken. Der Raum der Parameter könnte nicht konkreter sein: Es ist die Tafel. Die Parameter zu variieren bedeutet, das freie Ende des Gummibandes auf der Tafel zu verschieben.

Wenn man diese Vorrichtung aufbaut, erkennt man rasch das Vorhandensein einer merkwürdigen Zone, einer Art Viereck mit spitz zulaufenden Ecken. Wenn man die Seiten des Vierecks von innen nach außen überquert, registriert man eine Katastrophe: Die Scheibe, die bisher gehorsam der Bewegung gefolgt ist, dreht sich brüsk in die andere Richtung und befindet sich nach einer halben Umdrehung in einer neuen Gleichgewichtslage.

Wir überlassen es dem Leser, sich eine solche Katastrophenmaschine zu bauen. Er kann sich dann selbst davon überzeugen, daß jedem Punkt innerhalb des Vierecks zwei mögliche Positionen der Scheibe entsprechen, außerhalb jedoch nur eine. Im Zweifelsfall hängt die Position der Scheibe nicht nur von der Stelle ab, an der sich das freie Ende des einen Gummibandes befindet, sondern auch von dem Weg, den es vorher genommen hat. Läßt man es beispielsweise das

Viereck vollkommen durchqueren, um es dann wieder denselben Weg zurück nehmen zu lassen, wobei man darauf achtet, daß es exakt wieder dieselben Punkte passiert, wird die Scheibe ihrerseits nicht wieder dieselben Positionen durchlaufen. So gesehen, hängt die Reaktion des Systems nicht allein von den gegenwärtigen Parameterwerten des Systems ab, sondern auch von deren früheren Werten.

Die Zeemansche Maschine ist ein dissipatives System mit einer einzigen inneren Variablen, auf die man mit Hilfe zweier äußerer Parameter einwirkt. Bemerkenswerterweise finden sich die wesentlichen Phänomene auch in den komplexesten dissipativen Systemen wieder, vorausgesetzt, man verändert nicht mehr als zwei Parameter auf einmal. Die Katastrophentheorie liefert ein allgemeines Modell für diese Situation: Es ist der Knick.

Die Zeichnung hat mittlerweile Berühmtheit erlangt. Eine Fläche, die teilweise übereinandergefaltet ist, wird auf eine horizontale Ebene projiziert. Die Falte endet in einem Knick A. Die Projektion von A auf eine horizontale Ebene (unterer Teil von Abb. 27) ergibt die Spitze a für den sichtbaren Umriß der Falte. Der Umriß setzt sich aus den beiden Halbkurven ax und ay zusammen, der Projektion der einen durch die Fläche gezogenen Kurve XAY (die in A eine vertikale Tangente hat). Der Bogen AX begrenzt das obere Blatt der Fläche, der Bogen AY das untere Blatt; beide Bögen verbinden sich beim Punkt A. Der Bogen AX steht dem Leser näher als der Bogen AY.

Die horizontale Ebene ist der Raum der Parameter. Von der Unzahl innerer Variablen des betrachteten Systems hält man sich an eine einzig, als bedeutsam erachtete: Diese Variable ist in unserer Zeichnung nach oben aufgetragen und bildet so die dritte Dimension im dargestellten Raum. Die gefaltete Fläche stellt dann die Gesamtheit der möglichen Gleichgewichtszustände des Systems dar; man entfernt daraus den zwischen dem oberen und dem unteren Blatt der Fläche befindlichen, durch die Kurve XAY begrenzten Teil,

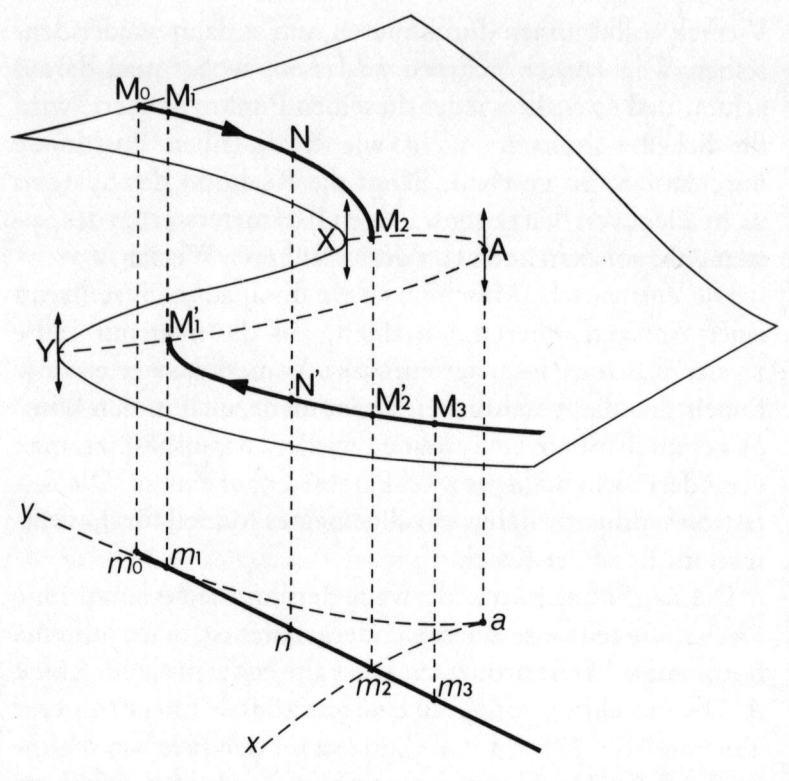

27 Die Falte und wie man sie überquert.

der den labilen Gleichgewichtszuständen entspricht. Nun hat aber jeder Punkt der Basisebene ein oder zwei Punkte der Fläche über sich. Das bedeutet, daß jedem Paar von Parameterwerten ein oder zwei Gleichgewichtszustände entsprechen. Die Höhe des Punktes über der Basisebene gibt den Wert der betrachteten inneren Variablen an.

Nun kann man die Werte der Parameter variieren, d. h. den repräsentativen Punkt m verschieben. Gehen wir von der Anfangsposition m_0 aus, der eindeutig der Zustand M_0 entspricht. Nähern wir uns der Grenze ay, die wir unbeschadet überqueren, um zu dem Punkt m_1 zu gelangen: Der Zustand folgt der Bewegung, überquert den Bogen AY im Punkt M_1 und setzt sich auf der oberen Seite der Fläche fort.

Wenn nun der Punkt m die Grenze ax überquert, etwa im Punkt m_2, kann der Zustand M dieser Bewegung nicht mehr kontinuierlich folgen, sondern muß auf das untere Blatt der Fläche springen, von M_2 nach M'_2. Das frühere Gleichgewicht verschwindet, und der Zustand wird durch einen anderen Zustand ersetzt. Von hier an befindet man sich wieder in einem Gebiet der Eindeutigkeit, und der Zustand folgt gehorsam den Variationen der Parameter; so entspricht dem Punkt m_3 der Zustand M_3.

Will man jetzt zum ursprünglichen Zustand M_0 zurückkehren, so hat man die Wahl zwischen zwei Möglichkeiten. Entweder geht man auf der Basisebene um die Spitze a herum und vermeidet auf diese Weise die Grenzen: dann wird man keine Katastrophe beobachten. Oder aber man passiert wiederum die Falten, aber in entgegengesetzter Richtung. Diesmal geht die Überquerung der Grenze ax unbemerkt vor sich, und erst beim Übergang über ay ereignet sich die Katastrophe, der Sprung des Zustands auf das obere Blatt der Fläche der Gleichgewichtszustände. Man stellt dabei fest, daß im Inneren des Knicks, dem von ax und ay eingefaßten Gebiet, der Systemzustand auf dem Rückweg ein ganz anderer ist, als er es auf dem Herweg war.

In einem Punkt wie n hat das System zwei mögliche Zustände, N und N'. Um die Zweideutigkeit zu beseitigen, muß man wissen, auf welchem Wege man zum Punkt n gelangt ist. Abbildung 27 zeigt zwei Wege: Der eine führt nach N, der andere nach N'. Hier liegt die Erscheinung einer Art Gedächtnis, der sog. Hysterese, vor. Der Zustand des Systems hängt von seiner Geschichte ab. Die gegebenen Parameterwerte legen die Reaktion des Systems nicht fest, diese hängt vielmehr von seiner Vergangenheit ab.

Theorie

Die Katastrophentheorie zeigt im Fall mit den beiden äußeren Parametern folgendes: Beeinflußt man ein dissipatives System durch Veränderung dieser beiden Parameter, während alle anderen Werte gleich bleiben, ergeben sich die Katastrophenwerte in Form von Knicken (Kurve *yax* in der Ebene der Parameterwerte in Abbildung 27). Daraus folgt eine rein phänomenologische Aufgabe: Man variiert die Parameter und notiert die Werte, bei denen das System von einem Zustand in einen anderen springt. Zwar braucht es keine solchen Katastrophenwerte zu geben; was bedeutet, daß im gesamten experimentell erfaßbaren Bereich das System sich bei Variation der Parameter kontinuierlich ändert. Doch wenn es Katastrophenwerte gibt, liegen sie auf Kurven (z. B. *ax* und *ay* in Abbildung 27), die einander kreuzen und einen oder mehrere Knicke aufweisen können. Die Maschine von Zeeman liefert beispielsweise vier Knicke.

Die Katastrophentheorie gibt über die Form der Katastrophenkurven keine genaue Auskunft; in diesem Sinne ist sie qualitativ. Sie schließt lediglich kompliziertere Situationen aus. So könnte man sich die Katastrophenwerte als isolierte Punkte vorstellen. Man könnte sich aber auch denken, daß es einen Bereich in der Ebene gibt, in dem alle Punkte Katastrophenpunkte sind.

Die Theorie behauptet, daß es *im allgemeinen* keine solchen komplizierten Fälle gibt.

Wohlgemerkt: im allgemeinen. Das ist die Achillesferse der Theorie. Ihre Ergebnisse sind nicht für alle dissipativen Systeme gültig, sondern nur für die meisten. Es kann durchaus vorkommen, daß die Ergebnisse der Katastrophentheorie in einem bestimmten System nicht verifiziert werden und daß die Katastrophenwerte dieses Systems nicht auf einer Kurve liegen. Die Theorie behauptet einfach, daß, wenn man in ein solches System eingreifen und seine Gleichungen geringfügig modifizieren könnte, dieses System dann wieder die allgemeine Struktur zeigt. M.a.W., eine kleine, von innen her bewirkte Störung würde genügen, um das allgemeine Schema zur Geltung zu bringen und zu den von der Theorie vorausgesagten Knicken zu führen.

Es versteht sich von selbst, daß wir mehr daran gewöhnt sind, die Gleichungen zu untersuchen, die uns gegeben sind, als sie nach Lust und Laune zu modifizieren. Die Natur liefert uns das System, und sie modifiziert dessen Potential nicht, nur um uns eine Freude zu machen. Wenn andererseits fast alle Potentiale theorieadäquat sind, so sieht man nicht recht, warum die Natur genau ein Potential ausgewählt hat, das sich der Katastrophentheorie entzieht. Wenn dies dennoch der Fall ist, so muß es dafür einen physikalischen Grund geben (zugrundeliegende Symmetrie, unbekannte Relationen), den aufzufinden von Interesse ist. Von dieser Voraussetzung ausgehend, kann die Diskussion lange währen. Sie währt bereits über zehn Jahre, und wir werden Gelegenheit haben, darauf zurückzukommen.

Die Theorie liefert eine analoge Aussage für die Fälle mit drei (und sogar mit vier, fünf und sechs) äußeren Parametern. Der Raum der Parameter ist in diesem Fall der gewöhnliche dreidimensionale Raum, und die Katastrophenwerte müssen in ihm auf Flächen liegen, die einem der drei folgenden Typen angehören:
– der Schwalbenschanz,
– der hyperbolische Nabel (die Welle),
– der elliptische Nabel (der Stachel).
Die in Klammern stehenden bildlichen Namen gehen auf Thom zurück; zu ihrer Begründung genügt ein Blick auf die Zeichnungen. Was den hyperbolischen Nabel betrifft, so ist in Abbildung 29 die untere Hälfte entfernt; was übrigbleibt, erinnert an eine sich brechende Welle.

Diese »elementaren Katastrophen« haben Eigenschaften, die denen des Knicks analog sind. Nehmen wir etwa den Schwalbenschwanz. Seine Grenzen sind nur in einer Richtung durchlässig und umgrenzen Bereiche, die keinen, einen oder zwei stabile Gleichgewichtszustände liefern. Im Bereich zwischen den beiden spitzen Kanten gibt es zwei solcher Zustände.

Die Zeichnungen zeigen bereits die inneren Widersprüche der Katastrophentheorie auf (und lösen sie zugleich). Nehmen wir beispielsweise an, wir haben Glück und stoßen auf ein dissipatives System, das unter dem Einfluß von drei Parametern p_1, p_2, p_3 so reagiert, wie es der elliptische Nabel vorhersagt. Die Katastrophenwerte im Raum von (p_1, p_2, p_3) bilden dann eine Fläche, die derjenigen in Abbildung 30 ähnlich ist.

Setzen wir nun für den dritten Parameter einen bestimmten Wert fest, beispielsweise $p_3 = a$, und variieren wir die anderen beiden Parameter. Die Katastrophenwerte befinden sich dann auf der Schnittfläche des Nabels mit der horizontalen Ebene in der Höhe a. Die Abbildung läßt drei Möglichkeiten offen; dabei stellt man fest, daß für den Wert $p_3 = a = 0$ die Katastrophenwerte von (p_1, p_2) sich auf einen einzigen isolierten Punkt, nämlich die Spitze (0 in Abb. 30) reduzieren. Andererseits: wenn man nur p_1 und p_2 variiert, p_3 jedoch festhält, so hängt das System nur von zwei äußeren Pa-

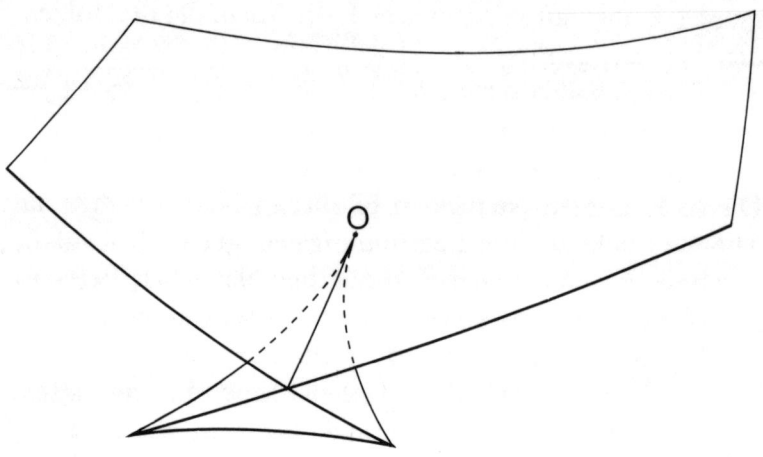

28 Der Schwalbenschwanz.

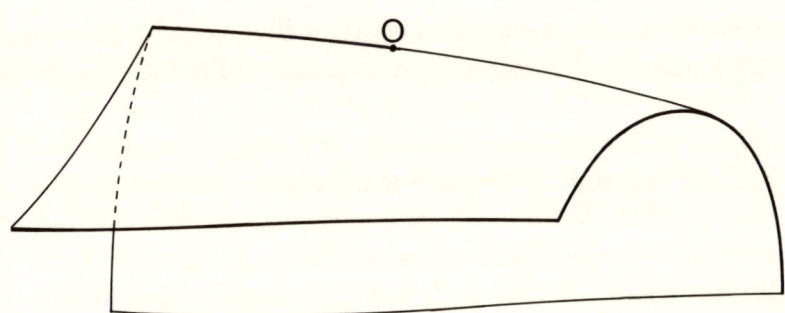

29 Der hyperbolische Nabel. Links von Punkt O wird die Fläche durch eine Kante in zwei Bereiche geteilt (bevor eine Welle sich bricht, spitzt der Wellenkamm sich zu, hier links vom Punkt O). Um einen vollständigen Nabel zu erhalten, muß man diese Figur noch symmetrisch bezüglich der unteren Schnittebene ergänzen.

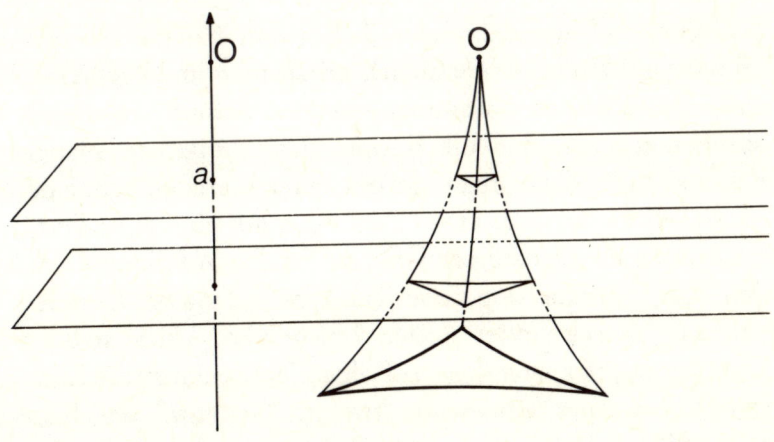

30 Der elliptische Nabel mit einigen Querschnitten.

rametern ab, und nach der Theorie sollten wir also Kurven mit Knicken erhalten, nicht aber isolierte Punkte (wie die Spitze 0 in der Ebene a = 0 in Abb. 30).

Die Auflösung dieses Widerspruchs liegt darin, daß diese Behauptungen der Theorie nur im allgemeinen gültig sind: Wenn sie jedoch für ein bestimmtes System falsch sind, genügt eine leichte Störung, um sie wieder gültig werden zu lassen. Wenn man für p_3 den Wert 0 festsetzt, erhält man einen Widerspruch zu den Aussagen der Katastrophentheorie in zwei Dimensionen. Daran jedoch soll es nicht liegen. Verändern wir die Versuchsbedingungen ein wenig: setzen wir für p_3 einen kleinen Wert ungleich Null ein, etwa a. Der Schnitt durch p_3 = a, d. h. die neue Katastrophengrenze, ist dann nicht mehr ein isolierter Punkt. Er kann sich auf Null reduziert haben, d. h. daß es für p_3 = a keine Katastrophenwerte für (p_1, p_2) mehr gibt. Er kann aber auch aus drei Kurvenstücken, die sich in drei Spitzen treffen, bestehen. Im einen wie im anderen Falle werden die für zwei Dimensionen gemachten Voraussagen verifiziert.

In dieser Beziehung ist es interessant zu verfolgen, wie die Theorie mit drei Parametern die Theorie mit zwei oder einem Parameter in sich enthält. Wenn man die Fläche der Katastrophenwerte (eine der Flächen von Abbildung 28 bis 30) mit einer Ebene schneidet (d. h. wenn man nur zwei Parameter auf einmal untersucht), erhält man im allgemeinen einen aus Knicken zusammengesetzten Schnitt. In diesem Sinne sagt man, daß die Kanten des elliptischen Nabels Knicke sind. Wenn man sie mit einer Geraden schneidet (d. h., wenn man nur einen Parameter auf einmal variiert), erhält man im allgemeinen isolierte Punkte auf dieser Geraden. Die Überquerung dieses Punktes entlang der Geraden hat das Verschwinden (oder Erscheinen) eines stabilen Gleichgewichtszustandes zur Folge. Diese elementare Katastrophe in einer Dimension trat im Grundriß der Falte in Abbildung 27 bei den Punkten m_1 und m_2 auf. Die Fläche des elliptischen Nabels mit Ausnahme der Kanten und der Spitze setzt sich aus lauter solchen Punkten zusammen.

Noch ein letztes. Man kann das Verhalten der Katastrophengrenzen dadurch künstlich beeinflussen, daß man einfach die Art der Messung der äußeren Parameter verändert. Nimmt man beispielsweise größere Einheiten, so reduziert man dadurch die Zahlenwerte und komprimiert die ganze Figur. Kompliziertere Veränderungen des Parametersystems führen zu weiterreichenden Deformationen, so daß aus einer Ebene eine glatte Fläche (ohne Kante) wird, aus einer Geraden eine stetige Kurve (ohne Spitze). Man findet jedoch immer wieder die elementaren Katastrophen. Auch die kompliziertesten Veränderungen des Parametersystems können weder einen Schwalbenschwanz dort erscheinen lassen, wo es keinen gibt, noch ihn dort verschwinden lassen, wo es ihn gibt. Sie können die Figur strecken, komprimieren, krümmen, aber niemals falten.

Wie man sieht, liefert die Katastrophentheorie – entgegen einem verbreiteten Vorurteil – keine Erkenntnis *a priori*, vor jeder Erfahrung. Selbst wenn man ein gutes dissipatives System und drei Parameter zur Verfügung hat, kann man nicht wissen, ob man einen Schwalbenschwanz, einen elliptischen oder hyperbolischen Nabel, Knicke, Falten, überhaupt nichts oder etwas anderes hat, bevor man es nicht ausprobiert (oder ausgerechnet, falls man das Potential kennt) hat. Und selbst wenn sich ein Schwalbenschwanz zeigt, vermag die Theorie weder seine Position noch seine Ausmaße noch gar seine exakte Form vorauszusagen.

Was die Katastrophentheorie liefert, ist die Idee, ein komplexes System von außen, anhand seiner Reaktionen auf eine kleine Zahl wohlbestimmter Parameter, zu untersuchen. Sie lenkt die Aufmerksamkeit auf gewisse Phänomene (Sprung von einem Gleichgewichtszustand in einen anderen, Mehrdeutigkeit, Hysterese), die man in deterministischen, aber dennoch sehr allgemeinen Systemen nicht erwartet. Sie bietet schließlich einen Begriffsrahmen, in den man die experimentell erhaltenen Ergebnisse einordnen kann: sieben geometrische Figuren (wir haben nur fünf besprochen), die man sich merken und in der Natur wiedererkennen kann.

Kritik

Die Katastrophentheorie ist eines der bemerkenswertesten Ereignisse im Wissenschaftsbetrieb der letzten Jahre gewesen. Das stark beachtete Erscheinen seines Buches mit dem spröden Titel *Stabilité structurelle et morphogenèse* im Jahre 1972 katapultierte René Thom auf der Stelle in die Hitparade der internationalen Fachzeitschriften und hätte ihn bei seinen Mathematiker-Kollegen fast seinen Ruf gekostet, den er sich auf spezielleren Gebieten erworben und der ihm 1962 die Fields-Medaille eingetragen hatte. Gleichzeitig wandte Christopher Zeeman die neue Theorie auf die verschiedensten Gegenstände an, von der Frequenz des Herzschlags bis zu Gefängnisaufständen, und machte sich damit ebensoviele Kritiker wie er Schüler gewann.

Es gab groteske Fälle. Manche Katastrophentheoretiker schreckten vor nichts zurück, um experimentell gewonnene Punkte, die für das unvoreingenommene Auge eher eine Wolke als eine Linie bildeten, auf einem Knick anzuordnen. Ich für meinen Teil liebe den Aphorismus Sussmanns: »In der Mathematik sind die Namen willkürlich. Es steht jedermann frei, einen selbstadjungierten Operator einen ›Elefanten‹ zu nennen und eine Spektralzerlegung einen ›Rüssel‹. Man kann dann ein Theorem beweisen, demzufolge jeder Elefant einen Rüssel hat. Man hat jedoch nicht das Recht, den Eindruck zu erwecken, als habe dieses Ergebnis irgend etwas mit den großen grauen Tieren zu tun.« Fest steht, daß die gewählte Terminologie, angefangen beim Wort »Katastrophe« selbst, nicht neutral war.

Nun, da die Polemik sich gelegt hat, kann man versuchen, ein vernünftiges Urteil zu fällen. Da ist zunächst einmal zu bemerken, daß es die Katastrophentheorie in Ermangelung von etwas anderem gibt. Das, was Thom erhoffte (und viele andere mit ihm), war eine allgemeinere Theorie, anwendbar auf andere dynamische Systeme als die dissipativen. Eine solche Theorie müßte noch viele andere »Katastrophen« beschreiben als nur die Zerstörung eines stabilen Gleichgewichts zugunsten eines anderen. Ein nicht-dissipatives System ist nicht mehr zur Ruhelage in einem Gleichgewicht gezwungen: Es kann sich unbegrenzt auf einer periodischen Bahn bewegen oder einen seltsamen Attraktor durchlaufen. Es sind die Übergänge zwischen diesen verschiedenen Möglichkeiten, die die wirklichen »Katastrophen« darstellen.

Von einer solchen verallgemeinerten Katastrophentheorie ist man noch weit entfernt. Das einzige, was gut verstanden ist, ist die Bildung einer periodischen Bahn auf Kosten eines stabilen Gleichgewichts (Bifurkation von Hopf). Es ist sogar zweifelhaft, ob es eine solche Theorie eines Tages überhaupt geben kann; auf jeden Fall wird sie nicht zu einem so einfachen Katalog führen wie dem der sieben Elementarkatastrophen. Man weiß bereits, daß es eine unendliche Anzahl von Modellen für die verallgemeinerten Katastrophen gibt, selbst wenn man von diesen nur einige kennt.

Die Katastrophentheorie, wie sie heute existiert, wird daher noch für lange Zeit das einzige Werkzeug sein, über das wir verfügen, um den Einfluß von äußeren Parametern auf die dynamischen Systeme zu beschreiben. Sie gilt nur für dissipative Systeme und nur unter gewissen Bedingungen, von denen man nie weiß, ob sie alle erfüllt sind. Diese Anforderungen sind insgesamt so restriktiv, daß man die gut bestätigten Beispiele mit der Lupe suchen kann – wenn man die ad hoc fabrizierten Katastrophen-Maschinen einmal ausnimmt. Von einem streng wissenschaftlichen Standpunkt aus handelt es sich um eine Theorie auf der Suche nach ihren Anwendungsmöglichkeiten.

Aber das Vorhaben Thoms war auch eher metaphysischer als wissenschaftlicher Art. Die These, die er in seinem Buch entwickelt, lautet, daß die von der Katastrophentheorie beschriebenen Formen, insbesondere die sieben Elementarkatastrophen, die Elemente sind, deren Kombinationen es erlauben, die unendliche Vielfalt der natürlichen Formen nachzubilden. Thom hat den *Timaios* der modernen Zeit geschrieben; über zweitausend Jahre hinweg macht er sich zum Echo jener erhabenen Stimme, die gesagt hat: »Nach aller Vernunft und nach aller Wahrscheinlichkeit ist der Urstoff und Keim des Feuers der Tetraeder, der der Luft der Oktaeder, der des Wassers der Ikosaeder«, während der Würfel der Erde vorbehalten blieb und der Dodekaeder das Abbild des Universums war.

Dies sind die fünf regelmäßigen Polyeder (die »platonischen Körper«), die seit den Griechen das geometrische Substrat unserer Wahrnehmung des Raumes gebildet haben. Noch heute wissen wir den Raum nicht besser auszufüllen als mit Würfeln. Das Aufeinandertürmen von Würfeln ist nicht nur ein Zeitvertreib für Kinder, sondern auch der Akt, der den euklidischen Raum erzeugt, welcher wiederum nichts anderes ist als die Möglichkeit, diese Handlung unbegrenzt fortzusetzen. Er findet seine Erfüllung in den linearen Koordinaten der klassischen Physik, die in ihren Maschen das gesamte Newtonsche Universum einfängt. Selbst die Kunst ist von der Geometrie der Polyeder nicht unberührt geblieben: Die kubistische Schule in der Malerei ist mit ihrem Bemühen, im Gewoge der Körper deren polyedrische Architektur wieder zu entdecken, nur der spektakulärste Nachhall dieses unablässigen Strebens.

Was Thom vorschlägt, ist eine Erneuerung, oder wenigstens eine Erweiterung, unserer intuitiven Vorstellungen. In seine Welt, wie in jene Platons, darf keiner hinein, der nicht Geometer ist. Jeder von ihnen erforscht mit den Mitteln, die ihm die Mathematik an die Hand gibt, die großen, von der Wissenschaft seiner Zeit aufgeworfenen Fragen – kosmologische beim einen, biologische beim anderen. Bei Platon erbaut der Demiurg die Welt, wobei er sich der Zangsläufigkeit der fünf regelmäßigen Polyeder beugt. Bei Thom spricht die Natur eine Sprache, deren Worte die sieben Elementarkatastrophen sind.

Das zentrale Postulat der Thomschen Metaphysik lautet, daß mit jedem natürlichen Gegenstand eine bestimmte Dynamik verbunden ist. Die *Form*, in der der Gegenstand dem Beobachter erscheint, ist nichts anderes als die Katastrophengrenze, die mit dem System verbunden ist, in dem der natürliche Gegenstand seinen Platz im Parameterraum einnimmt. Thom – und das ist ein erstaunlich platonischer Aspekt seiner Theorie – verlangt keineswegs, daß dieses dynamische System eine physikalische Realität besitzt. Man kann es entweder in den Ideenhimmel verweisen oder in ihm eine mit der neurologischen Struktur des Hirns zusammenhängende Bedingung a priori unseres Erkenntnisvermögens sehen. So geschieht es beispielsweise, daß die Form einer sich am Strand brechenden Welle dem hyperbolischen Nabel entspricht; aber es gibt keinerlei hydrodynamische Rechtfertigung für diese Analogie.

Ein derartiges Postulat scheint auf biologischem Gebiet weniger anfechtbar zu sein als auf physiko-chemischem. Man erkennt leicht, daß die lebendige Materie der permanente Schauplatz einer Unzahl von gleichzeitigen Transformationen ist, die, mögen sie im Maßstab der Beobachtungen auch unsichtbar sein, nichtsdestoweniger die Eigenschaften an jedem Punkt bestimmen. Schon vor langem haben die Biologen zur Beschreibung der Morphogenese, d. h. der Abfolge der Formen vom Ei zum Embryo, die Hypothese eines morphogenetischen Potentials eingeführt. Und so kann man möglicherweise dem von der Katastrophentheorie geforderten dissipativen System eine physiko-chemische Realität zuschreiben. Wenn eine Grenze erscheint, die zwei Gewebe voneinander differenziert, kann man darin eine Katastrophe vom Typ der Falte erkennen. Sie kann sich zu ei-

ner Furche vertiefen, in einer Brandblase abschuppen oder
ein Flimmerhärchen aussenden, in welchem Fall man an den
Knick, den Schwalbenschwanz bzw. den elliptischen Nabel
denken muß.

Ein letzter Punkt bleibt noch hervorzuheben: die Rolle
der Zeit. Gewiß, der Mathematiker kann sich mit der Feststellung begnügen, daß die Zeit einfach der vierte Parameter,
t, ist – die anderen drei sind die Koordinaten des Raumes –
und von Katastrophen sprechen, die sich in einem vierdi-
mensionalen Raum abspielen. Was der Physiker oder der
Biologe beobachtet, ist nicht diese Raum-Zeit-Welt, sondern es sind deren Schnitte mit konstantem t; es ist nicht diese prachtvolle vierdimensionale Katastrophe, sondern eine
zeitliche Abfolge von dreidimensionalen Katastrophen.

Nun existieren aber zwei Elementarkatastrophen in der
vierten Dimension: der parabolische Nabel und der Schmet-
terling. Ihre Schnitte mit konstantem t verbinden Schwal-
benschwänze, elliptische und hyperbolische Nabel miteinander, und zwar nach festen Regeln. Wer diese nicht kennt,
wer die zugrundeliegende Struktur nicht verstanden hat,
sieht einfach nur, wie Formen im Raum geboren werden,
sich verändern und sterben – ohne erkennbare Regel. Der
aber, der sie kennt, kennt den Schlüssel zu dieser Geschichte, die Richtung dieser Evolution: Er sieht die Formen ein
Ballett tanzen, nach Regeln, die ebenso streng sind wie die
der Quadrille.

Schneidet man einen Schwalbenschwanz oder einen elliptischen Nabel mit einer durch seinen Mittelpunkt gehenden
Ebene, so beobachtet man eine einfache Figur: einen Punkt
oder eine Kurve. Verschiebt man diese Ebene, so entwickelt
sich die Figur und enthüllt ihre ganze verborgene Komplexität. In diesem Sinne kann eine Abfolge von Formen im
Raum zusammengefaßt werden zu einer einzigen Form im
Raum-Zeit-Kontinuum, von der man die Schnitte mit konstantem t beobachtet. Eine Katastrophe im Raum-Zeit-
Kontinuum manifestiert sich dadurch, daß eine verhältnis-

mäßig einfache Form zum Zeitpunkt t = 0 sich zu späteren Zeitpunkten in komplexere Formen entfaltet oder auch zusammenfaltet. Thom sieht diesen Prozeß in den Entwicklungsstufen des Embryos am Werk, besonders in den verschiedenen Stadien der Teilungen der Eizelle (Blastula, Gastrula, Morula). Er sieht hierin das mathematische Modell der Morphogenese, den Aufbau des Embryos durch sukzessive Differenzierung einer einfachen Keimzelle, einen zentrifugalen Prozeß, während ein zentripetaler Prozeß darin bestehen würde, Organe unterschiedlichen Ursprungs mit einem gemeinsamen Träger zu verbinden.

Die Katastrophentheorie ist eine Ansicht von der Welt. Es ist der Blick Heraklits, für welchen der Kampf – Polemos – der Vater aller Dinge war und der in der Welt das unaufhörlich sich wandelnde Schauspiel des Aufeinanderprallens der Gegensätze sah. Die Katastrophentheorie drückt das heute so aus, daß sie sagt, daß jede Form aus einem Konflikt von Attraktoren resultiert. An der Wurzel dieser Theorie findet man einen Blick, der von naiver Verwunderung erfüllt ist wie am ersten Tag der Welt. Es ist das Abenteuer eines großen Gelehrten, der nicht nur diese vorsokratische, vorwissenschaftliche Weltsicht neu entdeckt, sondern dem es auch gelingt, uns an ihr teilnehmen zu lassen. »Und schließlich ist die Auswahl derjenigen Phänomene, die man als wissenschaftlich interessant betrachtet, ohne Zweifel weithin willkürlich. Die gegenwärtige Physik konstruiert riesige Apparate, um Zustände zu veranschaulichen, deren Lebensdauer nicht mehr als 10^{-23} Sekunden beträgt. Man hat zweifellos nicht unrecht, wenn man unter Einsatz aller technisch verfügbaren Mittel eine Bestandsaufnahme sämtlicher experimentell zugänglichen Zustände vornehmen möchte. Dennoch kann man sich legitimerweise eine Frage stellen: Eine Menge von vertrauten Erscheinungen (so vertraut, daß sie gar nicht mehr beachtet werden) haben gleichwohl eine schwierige Theorie: die Eidechsen auf einer alten Mauer, die Form einer Wolke, das Trudeln eines abgestorbenen Blattes, die Schaumkrone auf einem Glas Bier ... Wer weiß, ob eine etwas gründlichere mathematische Reflexion über derartige kleine Erscheinungen sich letztlich nicht als profitabler für die Wissenschaft erweisen würde?« (Thom, a.a.O. S. 26.)

Falls wir Thom nicht auf das Gebiet der Metaphysik folgen: was bleibt dann von der Katastrophentheorie? Ihr konkreter, unmittelbarer Beitrag zur Wissenschaft steht, wie wir sahen, in keinem Verhältnis zu den Hoffnungen, die sie geweckt, und der hochtönenden Sprache, die ihre Pioniere geführt haben. Das hat ohne Zweifel mit dem Umstand zu tun, daß es letztlich in der Natur nur wenige gut bestätigte dissipative Systeme gibt und der größte Teil der dynamischen Systeme viel komplexer ist.

So bleibt, daß die Katastrophentheorie die Augen für die Wandlungen öffnet, die sich in der wissenschaftlichen Erkenntnis vollziehen. Sie stellt den Prototyp der künftigen Modelle dar: qualitativ und doch mathematisch. Sie stellt auch die Rückkehr der Geometrie dar, die Rache der Figur an den Berechnungen.

Dies alles rührt von einer zentralen Tatsache her, die im vorigen Kapitel lang und breit analysiert worden ist: der Unmöglichkeit, bestimmte Berechnungen vorzunehmen und damit bestimmte Systeme zu verstehen, deren Dynamik, obgleich deterministisch, zu komplex ist. Angesichts dieser Feststellung kommt einem der Gedanke, ob nicht eine qualitative Erkenntnis möglich ist, eine Erkenntnis, die es zwar nicht erlauben würde, die Phänomene vorherzusagen, aber doch, sie zu katalogisieren.

Das ist es, was die Katastrophentheorie – leider auf einem zu begrenzten Gebiet – leistet. Beschränkt auf die dissipativen Systeme, die einfachsten aller dynamischen Systeme, liefert sie ein kohärentes mathematisches Modell von deterministischen Systemen, die man gerne als kreativ bezeichnen würde: Sie wiederholen sich nicht (Hysterese), und sie bilden Formen (Morphogenese).

Die Katastrophentheorie tut dies dadurch, daß sie buchstäblich die Zeit vertreibt, sie aus den Konstruktionen, die sie errichtet, verbannt. Der Baumeister schließt sich in seinem Bauwerk ein. Die Zeit bleibt draußen vor der Tür, und es ist nur noch ihr Standbild, das in diesen geräumigen Palästen aus Eis thront.

Sie wurde aus der Katastrophentheorie vom ersten Augenblick an verbannt: durch die Entscheidung, von der Evolution der dissipativen Systeme nichts zurückzubehalten als ihren Gleichgewichtszustand. Das bedeutet, Dynamik auf Statik zu reduzieren; die Dynamik der dissipativen Systeme, obgleich gering, birgt aber nicht minder eine Reihe interessanter Phänomene in sich, wie man an der Thermodynamik sieht. Die Zeit hält später ihren Einzug, als vierte Dimension der Raum-Zeit-Welt, in der sich eine Katastrophe abspielt.

Dieses geometrische Bild, statischer Reflex einer unumkehrbaren, flüchtigen Zeit, beschwört ein anderes herauf: die Keplerellipse. Die Elementarkatastrophen Thoms sind, wie die Ellipsen Keplers, Versuche, die Zeit in den Raum einzuschließen und sie durch die Geometrie zu erfassen. Während Kepler mit den mathematischen Werkzeugen baute, die ihm die Griechen vermacht hatten, profitiert Thom von der modernen Topologie. Der eine nutzt die *Konika* des Apollonios; der andere die Theorie der Singularitäten von Funktionen.

Doch während das Keplersche Modell, von Newton mathematisch übersetzt, in ein geschlossenes Universum mündet, eine universale Gegenwart, die explizit alle Vergangenheit und alle Zukunft in sich schließt, ein Universum ohne Überraschungen für den, der rechnen kann, sieht die Katastrophentheorie ein offenes Universum, in dem der Mathematiker Formen unterscheidet und klassifiziert – froh, daß er sie im Vorübergehen zu erhaschen vermag wie ein Schmetterlingssammler.

4

Ende und Neubeginn

Wir sind am Ziel unserer Reise angelangt. Ausgegangen waren wir vom Universum des Ptolemäus, einem komplexen und raffinierten System aus kreisförmigen Bewegungen. Wir haben gesehen, wie diese Konstruktion, im Laufe der Zeit anarchisch und hinfällig geworden, zugunsten der Einfachheit der elliptischen Bahnen und der drei Keplerschen Gesetze aufgegeben wurde. Nun tut sich das goldene Zeitalter des Newtonschen Universums auf, das bis ins Allerkleinste vom Gravitationsgesetz organisiert wird. Es ist die Epoche der vollkommenen Transparenz: Die Zeit geht in den Raum ein, die Vergangenheit und die Zukunft sind dem gegenwärtigen Augenblick eingeschrieben – für den, der in ihm zu lesen vermag. Die Bewegung der Planeten auf ihren Umlaufbahnen reduziert sich dank des Newtonschen Gravitationsgesetzes auf eine geometrische Eigenschaft der Ellipsen.

Man begegnet diesem Standpunkt in der allgemeinen Relativitätstheorie wieder, die heute die direkte Erbin der Newtonschen Kosmologie ist. Einstein führt eine vierdimensionale Raum-Zeit ein, deren geometrische Eigenschaften sich für uns, die wir von ihr nur drei Dimensionen zugleich sehen, durch einen Anschein von Bewegung ausdrükken. Gewiß, zwischen Newton und Einstein ist man von drei zu vier Dimensionen übergegangen, und die Krümmung der Raum-Zeit ist unvergleichlich viel komplizierter zu untersuchen als die Geometrie der konischen Körper. Aber es bleibt dabei, daß das Ziel das gleiche ist: die Reduktion der Zeit auf den Raum, die Ersetzung der Bewegung durch eine Geometrie. Das sind die geschlossenen Universa, beherrscht von einem strengen Determinismus, in denen das Verfließen der Zeit nichts Neues bringt, nichts, was man nicht bereits wüßte und von Ewigkeit her hätte vorhersagen können.

Die Kritik Poincarés und die Errungenschaften der modernen Theorie der dynamischen Systeme haben die Unzulänglichkeiten einer derartigen Konzeption an den Tag gebracht. Das Bild, das uns nach dieser Analyse bleibt, ist das einer Zeit, die völlig unvorhersehbar ist und folglich immer Neues bringt, die sich hartnäckig weigert, sich in die Gegenwart einschließen zu lassen. Das sehr konkrete Modell der Transformation des Bäckers demonstriert uns, wie eine solche Konzeption der Zeit vereinbar ist mit Gesetzen, die deterministisch wären. Noch im Herzen der aller-newtonschsten Himmelsmechanik hat man Phänomene nachweisen können, die mehr mit dem Werfen von Würfeln gemein haben als mit der schönen Regelmäßigkeit der Keplerbewegungen. Der Beobachter steht vor einer ähnlichen Situation wie am Ufer eines Flusses, der in Strudeln dahinströmt und dessen sukzessive und sich verändernden Zustände er festzuhalten sucht.

Es liegt hier ein offenes Universum vor, in dem die Zeit nicht faßbar ist. Der Satz Heraklits kommt einem wieder in den Sinn: »Man kann nicht zweimal in denselben Fluß steigen.« Dennoch kann man in diesem universellen Vorüberziehen etliche Bilder retten, man kann einige dieser flüchtigen Formen, die der Fluß vorbeiträgt, erkennen und sie festhalten. Das ist es, was wir alle tun; denn von der verlorenen Zeit bewahrt unser Gedächtnis nur einige vereinzelte, mitunter unbewußte Erinnerungen. In einem anderen Bereich versucht so etwas die Katastrophentheorie zu tun. Sehr spe-

136

zielle Bewegungsabläufe kristallisieren sich zu Knicken, Nabeln oder Schmetterlingen, und der Fachmann kann diese Formen im Fluß des Wandels ausmachen, selbst wenn er ihre Genese nicht erklären oder ihren weiteren Weg nicht vorhersagen kann.

So erlebt man zu guter Letzt ein Wiederaufleben der Geometrie. Denn die Elementarkatastrophen sind geometrische Figuren, die eine schwache Dynamik darstellen – so schwach, daß sie verborgen bleibt. Doch ist die Rolle der Geometrie hier weit weniger ehrgeizig als in der Kosmologie Newtons oder Einsteins. Man verlangt von ihr kein globales und erschöpfendes Modell der raum-zeitlichen Wirklichkeit, sondern nur einen Rahmen, der das Wiedererkennen bestimmter Situationen gestattet, in denen die Dynamik vor der Statik verblaßt. Im Grunde ist es ein Eingeständnis unserer Ohnmacht.

Die Mathematik oszilliert zwischen zwei Konzeptionen der Zeit. Die eine, die sich zwanglos in die Sprache der Geometrie übersetzen läßt, ist eine globale Konzeption, in der die Gegenwart die Zukunft herbeiruft und auf die Vergangenheit antwortet, so wie die entferntesten Galaxien durch ihre Newtonsche Anziehung die Bewegung der Moleküle hier auf Erden beeinflussen. Die andere sieht im Fluß der Zeit eine Abfolge von im wesentlichen unabhängigen Zuständen, so daß die Spuren der Vergangenheit sich sehr schnell verwischen und jeder Augenblick irgend etwas grundsätzlich Neues in bezug auf den vorherigen bringt.

Die wahre Natur der Zeit entzieht sich der Mathematik, die lediglich die Spannung zwischen diesen beiden Extremen zum Ausdruck bringen kann. Diese Zwiespältigkeit ist übrigens nicht neu und geht weit über den Rahmen der Wissenschaft hinaus. Ich für meinen Teil sehe die ergreifendste Veranschaulichung dessen in dem Gegensatzpaar, welches *Ilias* und *Odyssee* bilden. Der Leser wird mir vielleicht einen Abstecher in diese Werke der Weltliteratur gestatten, die ihre Spuren in zahllosen Generationen hinterlassen haben.

In der *Odyssee* ist die Zeit von Anfang bis Ende aus einem Guß. Die Gegenwart ruft die Zukunft herbei und bezieht sich auf die Vergangenheit. Die Zukunft kündigt sich an und wird geahnt; die Vergangenheit bedingt die Gegenwart.

Das ganze Werk ist auf die Rückkehr des Odysseus angelegt, den Tag der Heimkehr, den über alles ersehnten, stets erhofften und seit zwanzig Jahren nicht eingetretenen. Von den ersten Versen des Epos an sehnt sich Odysseus, »auch nur den Rauch aufsteigen zu sehen von seinem Lande«, und »wünscht sich zu sterben« (Schadewaldt). Über diese Heimkehr wird Telemachos Erkundigungen einziehen: in Pylos bei Nestor, in Sparta bei Menelaos. Als Odysseus endlich persönlich auftritt – bei den Phäaken –, ist es, um von ihnen die Mittel für die Heimfahrt zu erbitten. Er unterbricht seine Erzählung im packendsten Augenblick, bei der Schilderung seines Besuches in der Unterwelt, kurz bevor er mit Agamemnon spricht – in einem Augenblick, in dem, wie Homer sagt, »alle stumm in Schweigen« waren und »von Bezauberung gefangen rings in den schattigen Hallen«, um an das Wesentliche zu erinnern: »Das Geleit möge den Göttern und euch am Herzen liegen!« (Schadewaldt)

Diesen Tag der Heimkehr: Odysseus wird ihn niemals sehen. Bei Nacht und im Schlaf wird er nach Ithaka zurückkehren, und die phäakischen Ruderer werden ihn am Strand niederlegen, wo er am folgenden Morgen erwachen wird, umgeben von seinen Habseligkeiten und nicht ahnend, daß er sich auf heimatlicher Erde befindet. Nachdem die Geschenke der Phäaken versteckt sind, Odysseus sich mit Athenes Hilfe als Bettler verkleidet hat und das Schiff, das ihn hergetragen hatte, von Poseidon mit Mann und Maus in einen Felsen verwandelt worden ist, gibt es keinerlei Spuren mehr von diesem νοστιμον ημαρ, der folglich ein unzugängliches Symbol bleibt: Niemand vermag den flüchtigen Augenblick zu fassen, wo die Zukunft Vergangenheit wird.

So daß die Beschwörung des νοστιμον ημαρ sich auch nach der endlichen Rückkehr des Odysseus nach Ithaka

Penelope bei ihrer Hauptbeschäftigung, im Gespräch mit Antinoos, einem ihrer Freier. (Coll. part.)

noch fortsetzt. Die Vorzeichen mehren sich, ebenso die Prophezeiungen: die letzte, die Vision des Theoklymenos, kündigt das Blutbad unter den Freiern an, wenige Augenblicke, bevor es beginnt. Die Rückkehr des Odysseus ähnelt der Webarbeit der Penelope: sie ist niemals vollendet, selbst wenn man glaubt, daß sie es nun sei. In dem Epos fällt übrigens die Vollendung von Penelopes Webarbeit mit der Ankunft des Bettlers zusammen und ermöglicht die Bogenprobe, den Kampf mit den Freiern und Odysseus' endgültige Heimkehr. Dies beweist deutlich, daß es mehr als eine Analogie zwischen der Webarbeit und der Rückkehr gibt: die eine ist das Sinnbild der anderen. Die Webarbeit Penelopes ist niemals vollendet, und die Heimkehr des Odysseus ist niemals ganz vollbracht. Indem das Epos seinen Bezugspunkt beständig in eine – wenn auch nahe – Zukunft verlegt, bleibt es auf die Zukunft hin ausgelegt.

Doch ist es auch auf die Vergangenheit hin ausgelegt.

139

Zehn Jahre sind vergangen, seit Troja eingenommen und verwüstet worden ist: Aber die Überlebenden, Nestor, Menelaos, Odysseus selbst, sowie die Schatten, Teiresias, Agamemnon, Achilles, bestimmen durch ihren Ratschluß die Taten der Lebenden. Es ist das Beispiel des Agamemnon, der, nach Argos heimgekehrt, von Klytämnestra und Ägisth ermordet wurde, das Odysseus zur Vorsicht gegen jeden Menschen, selbst gegen Penelope, bestimmt. Es ist der tote Seher Teiresias, der Odysseus weissagt, er werde die Freier erschlagen. Und vergessen wir nicht die Sänger, die zu wiederholten Malen, in Ithaka oder bei Alkinoos, die Taten der Helden des Trojanischen Krieges besingen: Sie malen den Hintergrund, vor dem sich die Ereignisse abspielen, und machen aus deren Akteuren die Erben einer Tradition.

Das markanteste Symbol für diese Fortdauer des Vergangenen und für seinen Einfluß ist Penelope. Sie ist zum Sinnbild der Treue geworden, zum Zeichen, daß die Vergangenheit nicht tot ist, sich auch nicht reduziert auf ohnmächtige Erinnerungen, sondern daß sie noch in den heutigen Tag hineinwirken kann. Möglich ist das dank des Bogens des Odysseus, eines weiteren Relikts der Vergangenheit, auf einem Dachboden vergessen, das zum Instrument der Rache wird, zum Mittel, das endlich die Heimkehr des Odysseus erlaubt, zum Schlüssel, der den νοστιμον ημαρ aufschließt. Zunächst mußte Odysseus, bei seinem Aufbruch nach Troja zwanzig Jahre zuvor, den Bogen daheim lassen, eine ahnungsvolle Geste, da niemand anderer mit ihm umzugehen verstand. Dann mußte Penelope auf den Gedanken der Bogenprobe kommen, um diese fürchterliche Waffe Odysseus in die Hand zu geben, vor den mißtrauischen und skrupellosen Freiern.

Die Vergangenheit und die Zukunft spiegeln sich ineinander: die eine ist das Abbild der anderen. Der gegenwärtige Augenblick verschwindet zwischen ihnen, hinwegeskamotiert wie der νοστιμον ημαρ, der Odysseus im Schlaf überrascht. Von Anfang an weissagt Athene in der *Odyssee* dem

Telemachos die Rückkehr des Odysseus und den Tod der Freier:« ...dergestalt sollte Odysseus unter die Freier treten, dann würde ihnen allen ein schneller Tod und eine bittere Hochzeit werden!« (Schadewaldt)

Es ist das Universum der Notwendigkeit, worin die *Odyssee* eingebettet ist. Die Karten liegen schon zu Beginn des Spiels offen auf dem Tisch, der Fortgang des Epos wird die unaufhaltsame Verwirklichung dessen vorführen, was sich nach allen Seiten angekündigt hat und durch so viele illustre Beispiele bestätigt worden ist. Die verschiedenen Teile des Werkes verweisen aufeinander und auf das Ganze. Homer selbst, der Autor, hat sein Pendant in der *Odyssee:* Es sind die berühmten Sänger – Phemion, Demodokos –, die die Zuhörer in ihren Bann schlagen und die Helden zum Weinen bringen.

In diesem Universum sind Vergangenheit und Zukunft in einer ewigen Gegenwart verschmolzen. Sie sind übrigens untrennbar: Telemachos macht sich nach Pylos und nach Sparta auf, um Erkundigungen über die Heimkehr seines Vaters einzuziehen, und begegnet Nestor und Menelaos, die ihm ihre Erinnerungen an den trojanischen Krieg erzählen. Besser noch: die äußerste Vergangenheit berührt sich mit der äußersten Zukunft. Es ist Teiresias, der schon lange vor dem trojanischen Krieg, in mythischer Zeit gestorbene thebanische Seher, der Odysseus verkündet, welches seine Sühne nach dem Mord an den Freiern sein wird, und ihm einen süßen Tod nach einem glücklichen Alter weissagt, einen Tod εξ αλος, »vom Meer kommend« oder »fernab vom Meer«; hier streiten sich die Gelehrten. Die Gestalt des Teiresias und der Tod des Odysseus gehen beide über den Rahmen der *Odyssee* hinaus, treffen sich aber in einer undeutlichen Ewigkeit.

Ganz anders steht es damit in der *Ilias,* die ein Epos der Gegenwart ist, einer Gegenwart, die nicht von der Vergangenheit beherrscht wird und die in völliger Freiheit über die Zukunft entscheidet.

»Den Zorn singe, Göttin, des Peleus-Sohns Achilleus,
Den verderblichen, der zehntausend Schmerzen über die Achaier
brachte
Und viele kraftvolle Seelen dem Hades vorwarf
Von Helden, sie selbst aber zur Beute schuf den Hunden
Und den Vögeln zum Mahl.«

(Schadewaldt)

Das sind die Eingangsverse der *Ilias,* und sie kennzeichnen das Gedicht gut. Es ist die Geschichte eines Zorns, eines kurzen und flüchtigen Augenblicks par excellence: die Handlung dauert nur wenige Tage. Die Helden leben von Augenblick zu Augenblick, Achilles denkt bis zum Tode des Patroklos nur an seinen Zorn, dann nur daran, ihn zu rächen, nachdem Hektor ihn getötet hat. Es gibt keine Last der Vergangenheit, die auf den Personen ruht, keine Erinnerungen und keine Gespenster. Es gibt auch kein Ziel, das die Helden erreichen wollten.

Gewiß, es sind jetzt neun Jahre, daß man sich wegen der schönen Augen der Helena um Troja schlägt, und es wird eigentlich Zeit, daß die Griechen die Stadt einnehmen. Aber diese Erwägungen haben für Achilles kein großes Gewicht. Die verschiedenen Botschaften, die ihm Agamemnon zukommen läßt und in denen dieser die dem griechischen Heer drohende Gefahr beschwört, und die Abbitte, die dieser leistet, werden den Willen des Achilles, der ganz in seinem Zorn aufgeht, nicht beeinflussen. Nach dem Tode des Patroklos, nachdem er sich einmal entschlossen hat, Hektor zu töten, weiß Achilles andererseits, daß er sterben wird und daß er folglich an der Einnahme Trojas keinen Anteil mehr haben wird. Die *Ilias* ist ein isolierter Augenblick, befrachtet mit seiner eigenen Bedeutung, der weder der Vergangenheit noch der Zukunft etwas schuldet. Das bezeugt der letzte Vers der *Ilias,* der wie ein abrupter Bruch, wie eine ins Schloß fallende Tür ist.

»So besorgten diese die Bestattung Hektors, des Pferdebändigers.«
(Schadewaldt)

Die Handlung der *Ilias* ist einfach: Sie dreht sich um zwei Entschlüsse des Achilles. Der erste besteht darin, sich nach der Beleidigung, die er erfahren hat, in sein Zelt zurückzuziehen. Er hätte Agamemnon erschlagen können; das Eingreifen Athenes, die ihn an den Haaren zurückreißt, hält ihn davon ab, und so beschränkt er sich darauf, eine Flut von Schmähungen auszustoßen. Diese Selbstbeherrschung wird nicht zuletzt von äußeren Einflüssen und guten Ratschlägen bewirkt. Der zweite Entschluß aber ist ein ganz persönlicher: Er beschließt, Patroklos zu rächen, indem er Hektor erschlägt, auch wenn dessen Tod binnen kurzem seinen eigenen nach sich ziehen muß. Er könnte, worum seine Mutter ihn inständig bittet, Hektor schonen, aber sich an den anderen Trojanern rächen, und in sein Königreich zurückkehren, um noch ein langes und erfolgreiches Leben zu führen. Eigenmächtig beschließt er, den mühsamen Weg zu gehen.

Nichts deutet auf diesen Entschluß hin. Er kündigt sich nicht im voraus an: Er wird von Achilles getroffen, der auf ihm bis zu dem Augenblick beharrt, wo er Hektor auf seiner Lanze aufspießt und wo Zeus, der die Seelen der beiden auf die Waage legt, die Waagschale Hektors dem Hades entgegensinken sieht.

Ebenso deutet nichts auf die dritte und letzte Entscheidung des Achilles hin, nämlich Priamos den Leichnam seines Sohnes zurückzugeben. Dieser Entschluß ist völlig unerwartet; er kommt von einem Mann, der den Tod des Patroklos noch immer nicht verwunden und bereits zwölf trojanische Gefangene auf dessen Scheiterhaufen niedergemacht und drei Tage lang den Leichnam Hektors an den Füßen um die Mauern Trojas geschleift hat. Der Entschluß des Achilles schafft im Hinblick auf die bisherige Geschichte und auf seine Umgebung eine völlig neue Situation.

Und eben hierin wird nun die andere Konzeption der Zeit veranschaulicht. Die Gegenwart ist weder auf die Vergangenheit noch auf die Zukunft reduzierbar: Jeder einzelne Augenblick schafft eine neue Tatsache. Der Achilles der

Priamos, gefolgt von Trägern mit Geschenken, tritt vor Achilles, um ihm
das Lösegeld für den Leichnam Hektors zu übergeben. (Coll. part.)

Ilias, der im gegenwärtigen Augenblick lebt, steht im Gegensatz zum Odysseus der *Odyssee,* der die Vergangenheit
zu Rate zieht und die Zukunft berechnet. Eben diesen Vergleich, falls er nicht zu gewagt ist, möchte ich gerne anstellen, um die Konzeption der Zeit im modernen Indeterminis-
mus und im klassischen Determinismus zu kennzeichnen.
Auf der einen Seite ein ewiges Werden, in dem die Gegenwart die Zukunft in unvorhersehbarer Weise konstruiert;
auf der anderen Seite eine ewige Gegenwart, in der das Verfließen der Zeit nur Schein ist, da sich ein im voraus einge-
speichertes Programm abspult wie der Lochstreifen eines
mechanischen Klaviers.

Zwischen diesen beiden Konzeptionen haben wir diejenige Thoms: das Wiedererkennen bestimmter Formen, von
denen uns der Fluß der Zeit noch weitere Muster wird liefern
können. Auch diese Konzeption hat ihr Gegenstück in der
Literatur. Proust ist es, der zwar darauf verzichtet, die ver-
lorene Zeit festzuhalten, dennoch aber von ihr etliche Episo-
den rettet, die ihm einen unaussprechlichen Genuß und den
endgültigen Sieg über den Tod verschaffen, sooft sie in dem
von ihm gegenwärtig durchlebten Augenblick nachklingen.

»Das Wesen, das in mir wiedergeboren war, als ich derart vor Glück erbebend das Geräusch vernahm, das zugleich dem Löffel, der den Teller berührt, und dem Hammer eigen ist, mit dem man auf ein Rad klopft, sowie das Gemeinsame auch in der Ungleichheit der Pflasterung des Guermantesschen Hofes und der des Baptisteriums der Markuskirche verspürte, dieses Wesen nährt sich einzig von der Essenz der Dinge und findet in ihr allein seinen Beistand und seine Beseligung. Es kümmert traurig dahin bei der Beobachtung der Gegenwart, in der die Sinne ihm jene Essenz nicht zur Verfügung zu stellen vermögen, bei der Betrachtung einer Vergangenheit, die der Verstand ihm ausgedörrt verabfolgt, bei der Erwartung einer Zukunft, die der Wille aus Bruchstükken der Gegenwart und der Vergangenheit zusammensetzt, denen er noch dazu ihren Wirklichkeitsgehalt entzieht, da er von ihnen nur behält, was dem utilitaristischen, eng auf Menschliches beschränkten Zweck entspricht, den er ihnen zuerkennt. Sobald aber ein bereits gehörtes Geräusch, ein schon vormals eingeatmeter Duft von neuem wahrgenommen wird, und zwar als ein gleichzeitig Gegenwärtiges und Vergangenes, ein Wirkliches, das gleichwohl nicht dem Augenblick angehört, ein Ideelles, das deswegen dennoch nichts Abstraktes bleibt, wird auf der Stelle die ständig vorhandene, aber gewöhnlich verborgene Wesenssubstanz aller Dinge frei, und unser wahres Ich, das manchmal seit langem tot schien, aber es doch nicht völlig war, erwacht und gewinnt neues Leben aus der göttlichen Speise, die ihm zugeführt wird. Eine aus der Ordnung der Zeit herausgehobene Minute hat in uns, damit er sie erlebe, den von der Ordnung der Zeit freigewordenen Menschen wieder neu erschaffen. Man kann aber wohl verstehen, daß dieser nun Vertrauen zu seiner Freude faßt, selbst wenn der einfache Geschmack einer Madeleine nicht logischerweise die Gründe für diese Freude zu enthalten scheint, verstehen auch, daß das Wort Tod keinen Sinn für ihn hat; was könnte er, der Zeit enthoben, für die Zukunft fürchten?« (*Auf der Suche nach der ver-*

145

lorenen Zeit. Deutsch von Eva Rechel-Mertens. Frankfurt/
M. 1967, S. 3953 f.)

Ein analoges Unternehmen versucht die Katastrophentheorie, und zwar auf dem Gebiet der wissenschaftlichen
Forschung, nicht mehr der Individualpsychologie. In das
kollektive Unbewußte einen Formenschatz einzuspeichern,
der das Wiedererkennen klassischer Resultate sowie ganz
neuartiger Situationen erlaubt, indem er zwischen Phänomenen, die als Erfahrungen offensichtlich weit auseinander-
liegen, unvorhergesehene und überraschende Beziehungen
stiftet: das ist es, was Thom vorschlägt. Das Unternehmen
mag verrückt sein, und die sieben Elementarkatastrophen
stellen ohne Zweifel ein viel zu beschränktes Repertoire dar.
Aber es verdient, ausprobiert zu werden, und liefert einen
originellen Gesichtspunkt zur Betrachtung der Zeit, auf hal-
bem Wege zwischen der souveränen und statischen Geometrie Keplers und Newtons und dem formlosen, beweglichen
Chaos Poincarés. Vom Schiffbruch der Geometrie treiben
noch einige Wrackteile auf den Wellen …

Es gäbe noch viel über die Zeit zu sagen. So stellt uns die
Evolutionstheorie dynamische Systeme vor Augen, für die
es in der Physik kein Beispiel gibt. Sie sind nicht deterministisch. Sie wären es, wenn das jeweils folgende Stadium in
der Entwicklung einer Art voll und ganz determiniert wäre
von dem Zustand, in dem sie sich jetzt befindet. Doch im
Gegensatz dazu erkundet die Art in jeder Generation das gesamte Feld der sich ihr bietenden Möglichkeiten, indem sie
Individuen mit andersartigem genetischem Erbgut hervor-
bringt und sich darauf verläßt, daß die Umwelt die besten
Lösungen herausfiltert. Das Resultat ist im allgemeinen so
vollkommen, so wohlangepaßt an die Umwelt, daß die Versuchung groß ist, es als zielgerichtet anzusehen. Das Auge
ist wunderbarerweise zum Sehen geschaffen, und das Ziel
der Evolution, die den Übergang von einer rudimentären
Photosensibilität zu einem derart vollkommenen Organ bewirkt hat, wäre demnach die Konstruktion eines Auges ge-

wesen. Die Fachleute weisen diese Interpretation als zu anthropomorph zurück. In ihren Augen folgt die Evolution gewissen Regeln – hervorgegangen aus einem komplexen Wechselspiel zwischen den Genen und der Umwelt mit dem Individuum als Mittler –, die sehr viel mehr Aufschluß geben als ein vorgeblicher Finalismus. Sie sind ein Echo Newtons und Lagranges: »Wir haben diese Hypothese nicht nötig.« Das Auge ist eine Frucht, kein Ziel der Evolution, und diese hat verschiedene Modelle des Auges hervorgebracht.

S. Jay Gould gehört zu denen, die nicht müde werden, diesen Punkt zu veranschaulichen und die finalistische Versuchung bloßzustellen. Der große fossile irische Hirsch besitzt ein Geweih von mehr als zwei Metern Spannweite, dessen Gebrauch ernsthafte Probleme aufgeworfen haben muß. Ist es wirklich das Ziel der Evolution, derartige Auswüchse hervorzubringen, deren Nützlichkeit zumindest fraglich ist, zumal die Hirschkuh ihrer entbehrt? Die Antwort, die Gould gibt, ist zweifacher Art. Auf der einen Seite ist die Größe des Geweihs ein genetisches Merkmal, das untrennbar mit anderen Merkmalen wie etwa der Körpergröße des Tieres verbunden ist. Die Merkmale können sich nur gemeinsam verändern, so daß eine Evolution, die einer besseren Anpassung der Art an ihr Milieu insgesamt günstig ist, sich auf bestimmten, einzelnen Ebenen als scheinbare Nichtanpassung darstellen kann. Auf der anderen Seite ist die Dimension des Geweihs ein sekundäres Geschlechtsmerkmal, das den brünstigen Hirsch anzeigt und ihm erlaubt, seine Rivalen zu beeindrucken. Auf diese Weise wird der Träger eines großen Geweihs größere Chancen haben, sich fortzupflanzen und folglich seine Gene zu perpetuieren. Die eigene Logik der Evolution ermutigt folglich die Entwicklung von Geweihen, ohne daß man in irgendeiner Weise behaupten könnte, es sei das Ziel der Evolution, Lebewesen mit möglichst großen Hörnern hervorzubringen.

Die Evolution setzt ihren Weg immer in der gleichen Richtung fort, bis zu einem Punkt, wo die Evolution in dieser Richtung dem Überleben der Art schadet. Sei es, daß die Umwelt sich verändert hat, indem aus einer offenen Steppenlandschaft ein dichter Urwald wurde, sei es, daß jede weitere Steigerung der begünstigten genetischen Merkmale unmöglich wird, indem das Tier vom Gewicht seines Geweihs buchstäblich zu Boden gedrückt wird. Unter diesen Umständen muß die Evolution andere Lösungen suchen. Wenn sie keine findet, stirbt die Art aus. Wenn sie welche findet, breitet sie sich in eine neue Richtung aus, die sie beibehalten wird, bis neuerlich ein Punkt mangelnder Lebensfähigkeit erreicht sein wird.

Die Theorie der Lebensfähigkeit ist nach solchen Systemen gebildet. Sie sind weder deterministisch noch finalistisch noch chaotisch; sie sind darwinistisch. In jedem Stadium ihrer Entwicklung erscheint ihr jeweiliger Zustand als der natürliche Endpunkt, zu dem die vorangegangenen Zustände hinstrebten, ohne daß er indes vollständig von ihnen determiniert worden wäre. Aber dieser Zustand der scheinbaren Vollendung ist trügerisch, da er unvermeidlicherweise im folgenden Stadium der Evolution überholt wird. Er erscheint dann als ein Augenblick in einer Wanderschaft ohne Ende und Ziel, in dem jede Etappe sich selber genügt.

Auch die Maler stellen sich ein, um ein Bild von der Zeit zu geben. Jeder erfaßt nur einen Teilaspekt ihrer reichen und ungreifbaren Vielfalt. Aber liegt die Wahrheit nicht eben in der Gegenüberstellung und dem Vergleich all dieser Gesichter?

Im Prado in Madrid hängt eine kleine Tafel von Hieronymus Bosch, die eine Versuchung des hl. Antonius darstellt. Sie ist in ein seltsames kristallines Licht getaucht, das keine Schatten wirft, aber Glanzpunkte erzeugt. Es scheint aus dem Hintergrund des Bildes hervorzubrechen, wo sich hinter Baumwipfeln anachronistische Wolkenkratzer abheben. Im Vordergrund, eingerahmt vom Grün des Flußufers und dem Braun seines härenen Gewandes, sitzt der alte Eremit auf einem Baumstumpf. Hinter ihm erstreckt sich eine wun-

148

Hieronymus Bosch: *Die Versuchung des hl. Antonius.* Madrid, Prado.

dersame Gegend aus hellen Ocker- und zarten Grüntönen. Ein Gatter öffnet sich an einem Weg, der sich zwischen den eingeschnittenen Tälern und den bewaldeten Hügeln dahinwindet. Eine ländliche Kapelle, angelehnt an einen Vorhang aus Bäumen, kauert sich an einen Kanal.

Eine fast körperliche Teilung des Bildes bewirken die drei Bäume, deren glatte, emporragende Stämme diesen wundersamen Bereich abgrenzen und den hl. Antonius auf seinem Flußufer einschließen. Doch dieser, auf seinem Baumstumpf sitzend, nach vorne gebeugt, Kinn und Hände auf seinen Stab gestützt, nimmt von alledem nichts wahr. Sein Blick ist auf den Fluß geheftet, der im Vordergrund vorüberfließt und auf dem seltsame Wesen dahintreiben, halb lebendig, halb mechanisch. Einige von ihnen haben schon die Böschung erklommen und bedrohen den Einsiedler. Ihre Ebenbilder, mit Leitern und Steigeisen bewaffnet, sind im Schutz einer Flußbiegung an Land gegangen und bereiten sich darauf vor, die lichterfüllte Welt aus dem Hintergrund zu überfallen.

Auch wir sind dazu verdammt, jener Welt den Rücken zuzukehren, deren Teil wir sind und deren objektive und unmittelbare Kenntnis uns auf immer verwehrt sein wird, so wie auch der hl. Antonius sich nicht erheben und umdrehen kann, um sein Haus und das ihn umgebende Land zu schauen. Geradeso wie die Gefangenen bei Platon im Hintergrund ihrer Höhle angeschmiedet sind. Dafür richtet sich unser Blick auf die Zeit, die außerhalb von uns dahinfließt, oder vielmehr auf dieses kurze Stück ihres Laufs (zwischen einer von der Böschung halb verdeckten oberen Flußkrümmung und einer in einer Ecke des Bildes verschwindenden unteren Flußkrümmung), das wir die Gegenwart nennen. Unser Wissen läßt dort seltsame Kreaturen entstehen, die sich gegen uns wenden und mit denen unsere Phantasie eine Wirklichkeit bevölkert, die sich ihr entzieht.

Doch der Mensch ist in seine Betrachtung verloren. Er hat an den Ufern der Ewigkeit angelegt. Seine Angreifer, in zer-

streuter Ordnung vorgehend, scheinen keine rechte Stoß-
kraft zu haben. Er sieht nicht den drohenden Turm, der, den
Hammer schwingend, näherrückt. Er sieht nicht die seltsamen Kreaturen, die seinen Baumstumpf umkreisen. Der
Pfeil im Vordergrund trifft ihn nicht, ebensowenig wie die
nach ihm ausgestreckte Kralle des Dämons. Über allem aber
spannt sich das Blau des Himmels.

Anhang 1

Präludium und Fuge
über ein Thema von Poincaré

Zunächst das Thema, das wir entwickeln wollen: (Abb. 1).

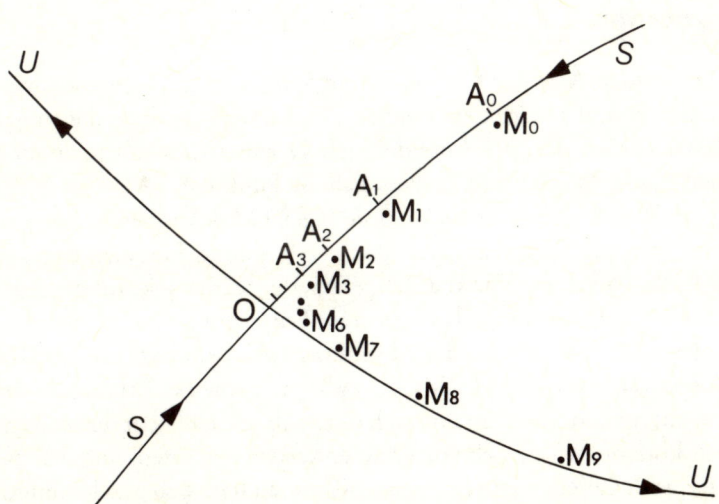

Figur 1 Die stabile Kurve *S* und die instabile Kurve *U* kreuzen sich in einem Fixpunkt O.

Auf diese Figur ist Poincaré bei den Untersuchungen gestoßen, die wir in Kapitel 2 geschildert haben. Wir haben gesehen, daß er ein dynamisches System im Raum zurückführte auf eine Transformation in der Ebene. Genauer gesagt: dadurch, daß Poincaré eine periodische Bezugsbahn mit einer Ebene sich schneiden ließ, konnte er die Bahnen in der Umgebung der Bezugsbahn ersetzen durch die doppelt unendliche (d. h. in Richtung auf die Vergangenheit wie auf die Zukunft unendliche) Folge der Bahnschnittpunkte mit der senkrechten Ebene.

Hier genügt es uns, zu wissen, daß Abbildung 1 eine solche Transformation in der Ebene darstellt: Einen Punkt M_0 (zum Zeitpunkt 0) verbindet sie mit einem Punkt M_1 (zum Zeitpunkt 1), M_2 (zum Zeitpunkt 2) usw. Wenn man den Zeitfluß umkehren möchte, erhält man einen Punkt M_{-1}, dann einen Punkt M_{-2} usw. Im folgenden werden die (bei positiver Zeitrichtung entstehenden) Punkte M_1, M_2, … als positive Abbilder von M_0 bezeichnet, M_{-1}, M_{-2}, … dagegen als negative Abbilder.

Mit dem Punkt O hat es eine besondere Bewandtnis (er entsteht aus dem Schnittpunkt der gewählten Ebene mit der Bezugsbahn, die ja periodisch ist): Er ist ein Fixpunkt in der Transformation, der durch diese stets wieder an dieselbe Stelle gerät. Im Zeitpunkt 1, 2, … wie im Zeitpunkt -1, -2, … findet man ihn an seiner Anfangsposition vor.

Die beiden Äste der Kurven U und S, die sich in O kreuzen, vereinigen ebenfalls besondere Punkte. Die Kurve S vereinigt diejenigen Punkte, deren positive Abbilder sich O nähern: Wählt man auf S einen Punkt A_0, so bemerkt man, daß die Punkte A_1. A_2, … sich alle auf der Kurve S befinden und daß sie gegen O konvergieren. Ebenso, wenn man auf S einen anderen Punkt A'_0 nimmt. Hat man dagegen das Pech, von einem Punkt auszugehen, der nicht exakt auf der Kurve S liegt, sondern in noch so geringer Entfernung von ihr, wie beispielsweise der Punkt M_0 der Abbildung 1, so bemerkt man, daß die sukzessiven Abbilder M_1, M_2, … zwar eine gewisse Zeitlang in der Umgebung von S bleiben und sich O annähern, daß aber der Augenblick kommt, wo sie sich von O zu entfernen beginnen, und daß der Sturz nach außen, wenn er einmal begonnen hat, sich beschleunigt.

Was die Kurve U betrifft, so vereinigt sie diejenigen Punkte, deren negative Abbilder gegen O konvergieren. Es sind in gewisser Weise diejenigen Punkte, die vor Urzeiten von O ausgehen. Ihre positiven

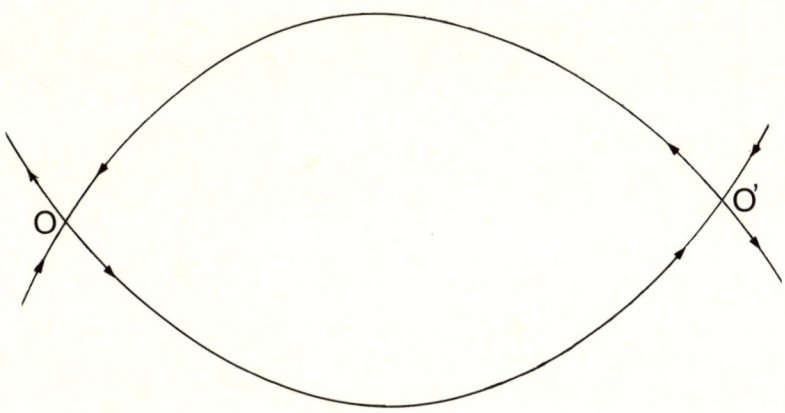

Figur 2 Die Transformation liefert zwei Fixpunkte, die miteinander verbunden sind: die stabile Kurve des einen Fixpunktes wird zur instabilen Kurve des anderen.

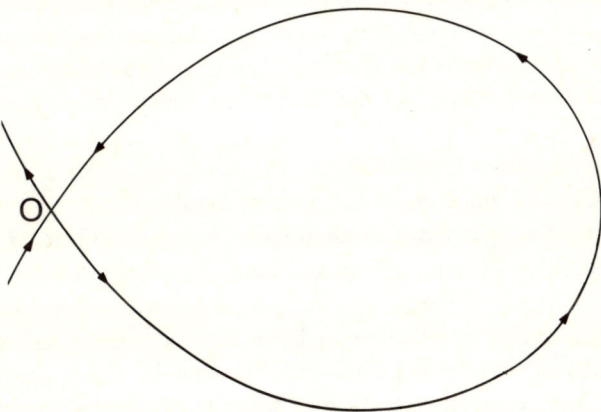

Figur 3 Die aus O hervorgegangenen Zweige, ein stabiler und ein instabiler, verbinden sich zu einer gemeinsamen Kurve.

155

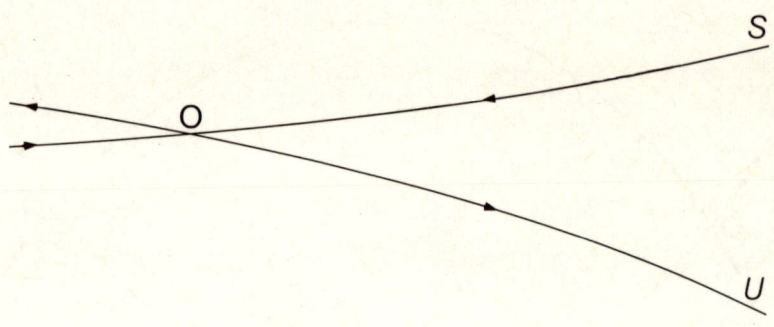

Figur 4 Die stabile Kurve *S* und die instabile Kurve *U* verlängern sich ins Unendliche, ohne sich zu schneiden.

Abbilder finden sich auf derselben Kurve *U*, doch immer weiter von Punkt O entfernt, von dem sie sich sehr rasch entfernen.

Das Thema ist gestellt; beginnen wir mit dem Spiel! Es handelt sich darum, die Figur zu vollenden, das vorgeschlagene Thema zu entfalten. Die erste Aufgabe besteht darin, *S* und *U* zu verlängern. Dafür gibt es mehrere Möglichkeiten, von denen einige recht interessant sind.

Die ersten beiden (Abbildung 2 und 3) sind ersichtlich recht eigenartig, indem sie auf wundersame Weise aus der Kurve *S* eines Fixpunkts die Kurve *U* eines anderen (oder desselben) Fixpunkts machen. Die dritte Möglichkeit (Abbildung 4) verlangt, daß ein Punkt auf der Kurve *U* ins Unendliche hinausgehen (oder auf der Kurve *S* aus dem Unendlichen ankommen) kann. Nun ist in einer ganzen Reihe physikalischer oder mechanischer Systeme der Punkt aus Gründen der Energie auf einen endlichen Bereich des Raumes beschränkt, und eine derartige Entwicklung ist daher unmöglich.

Ein allgemeinerer und viel interessanterer Fall ist derjenige, den Poincaré gewählt hat: Die vom Punkt O ausgegangenen Kurven *S* und *U* schneiden sich wieder. Den so erhaltenen Punkt H hat Poincaré *homoklinen* Punkt genannt.

Diese harmlose Figur wird nun vor unseren Augen einen wahren Reigen schwungvoller Drehungen vollführen.

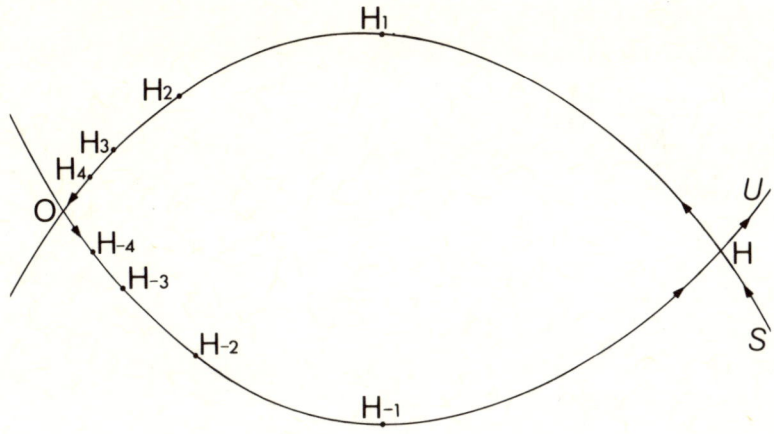

Figur 5 Die aus dem Fixpunkt O hervorgegangenen Kurven, die stabile und die instabile, schneiden sich in einem Punkt H, den man den homoklinen Punkt nennt. Er ist selbst kein Fixpunkt: eingezeichnet sind seine ersten positiven und negativen Abbilder.

Der Punkt H gehört zur Kurve S. Seine positiven Abbilder H_1, H_2, ... konvergieren auf der Kurve S gegen den Punkt O (siehe Abbildung 5).

Die Kurve U geht durch H. Daher geht das Abbild U_1 der Kurve U durch H_1. Nimmt man auf U_1 einen Punkt M in der Umgebung von H_1, so ist er das Abbild eines Punktes P in der Umgebung von H auf U (Abbildung 6):

$$M_{-1} = P$$

Die Punkte M_{-1} und P sind daher die Abbilder ein und desselben Punktes von U, was $M_{-2} = P_{-1}$ ergibt. Indem man die sukzessiven Abbilder nimmt, erhält man $M_{-3} = P_{-2}$, dann $M_{-4} = P_{-3}$ usw. Aber da P zu U gehört, konvergieren die negativen Abbilder P_{-1}, P_{-2}, ... gegen O, und genauso wird es sich mit den negativen Abbildern M_{-1}, M_{-2}, ... von M verhalten. Nun wird es auf der Ebene nur ganz wenige Punkte geben, deren negative Abbilder gegen O tendieren: Es sind genau die Punke U. Das zeigt, daß M zu U gehört, und folglich, daß U_1 nichts anderes ist als ein Ast von U.

Man gelangt auf diese Weise zu dem bemerkenswerten Schluß, daß

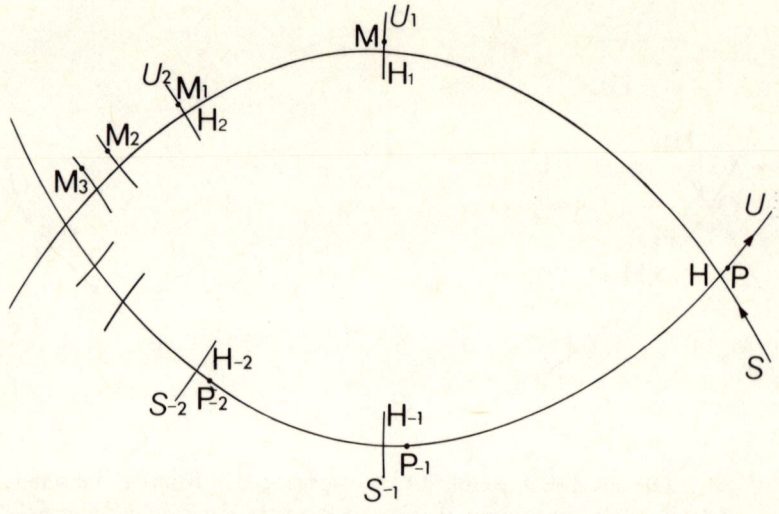

Figur 6 Durch jedes der auf der stabilen Kurve *S* gelegenen positiven Abbilder H_1, H_2,... von H verläuft ein Bogen der instabilen Kurve *U*.

durch H_1, H_2, ... die Bögen U_1, U_2, ... der Kurve *U* gehen. Da die Punkte H_1, H_2, ... selber zu *S* gehören, sind dies homokline Punkte. Dasselbe gilt natürlich für H_{-1}, H_{-2}, ...

Ausgegangen waren wir von einem einzigen homoklinen Punkt, und nun haben wir eine doppelte Unendlichkeit solcher Punkte vor uns! Aber hierbei bleibt unsere Entwicklung des Themas nicht stehen, denn es bedarf nun der Verbindung aller Bögen U_1, U_2, ... mit der Kurve *U* (und aller durch H_{-1}, H_{-2}, ... gehenden Bögen S_{-1}, S_{-2}, mit der Kurve ... *S*). Dabei muß man berücksichtigen, daß bei jedem dieser Bögen eine bestimmte Durchgangsrichtung zu beachten ist: Man kommt von H zu P, dann von H_1 zu P_1 = M, dann von H_2 zu P_2 usw.

Gehen wir zuerst ganz simpel vor, wie es Abbildung 7 zeigt:

Diese Figur ist offenbar falsch. Nehmen wir auf *U* einen Punkt P in nächster Nähe von H, so gehören seine positiven Abbilder P_1, P_2, ... sämtlich zu *U*. Andererseits, da P in nächster Nähe eines Punktes von *S* liegt, nämlich H, ohne indessen zu *S* zu gehören, kennen wir das Verhalten der sukzessiven Abbilder P_1, P_2, ...: Sie wer-

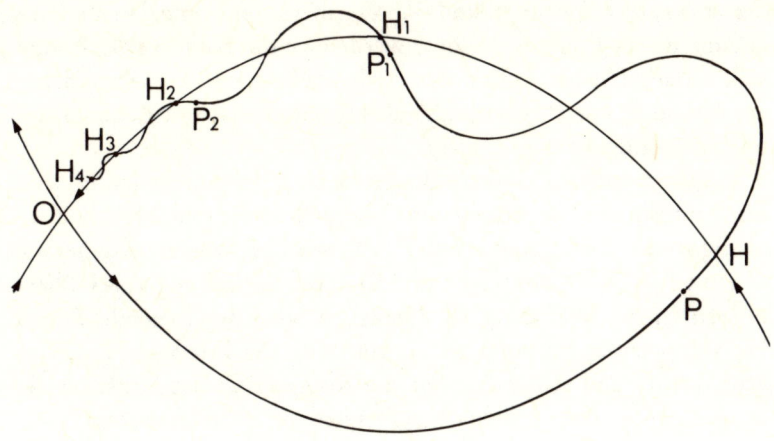

Figur 7 Erster Verbindungsversuch, unter Berücksichtigung des Umstandes, daß auf den Punkten H_1, H_2,… die Kurve U die Kurve S von unten nach oben schneiden muß.

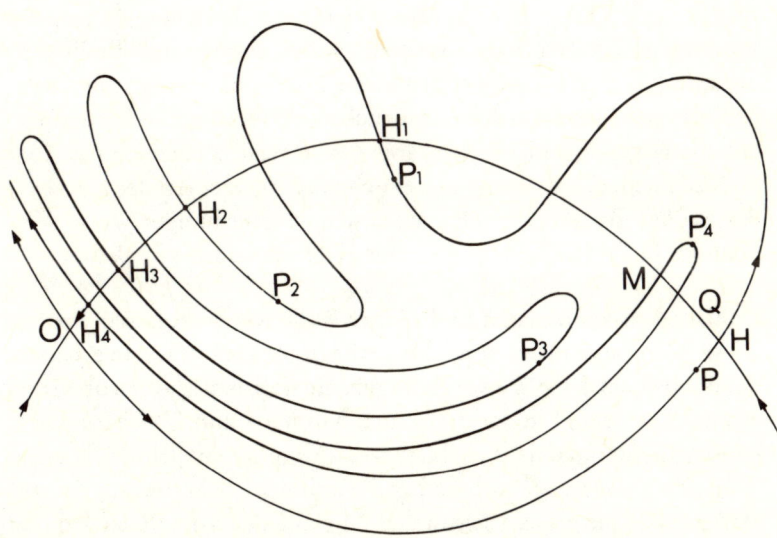

Figur 8 Zweiter Verbindungsversuch mit Durchgang der Kurve U durch die sukzessiven Abbilder des Punktes P.

den sich nahe bei S halten und sich O nähern, und einmal in die Umgebung dieses Punktes gelangt, werden sie die Bahn wechseln und sich entlang U wieder entfernen (siehe Abbildung 1). Es wird daher ein Abbild P_n von P geben, das beliebig nahe der Kurve U und beliebig entfernt dem Punkt O liegt.

P_n gehört jedoch zu einem Bogen $H_n H_{n+1}$, dessen Enden H_n und H_{n+1} auf S in der Umgebung von O liegen und der sich folglich übermäßig strecken muß, um durch P_n zu verlaufen. Man muß daher die Grenze S in zwei Punkten M und Q in der Umgebung von P überqueren (siehe Abbildung 8). Natürlich wird der folgende Bogen $H_{n+1} H_{n+2}$ entlang S noch gestreckter sein, der folgende $H_{n+2} H_{n+3}$ noch mehr, und schon beginnt die Komplexität der Situation die Möglichkeiten einer graphischen Darstellung zu übersteigen.

Aber das ist noch nicht alles! Es ist nämlich so, daß die Punkte M und Q neue homokline Punkte sind, die nicht zu der Folge ... H_{-2}, H_{-1}, O, H_1, H_2, ... gehören.

Indem wir dieselben Überlegungen wie eben anstellen, sehen wir, daß die positiven Abbilder (M_1, Q_1) ... und die negativen (M_{-1}, Q_{-1}), (M_{-2}, Q_{-2}) ... ebenfalls homokline Punkte sind. Das bedeutet, daß nicht nur der Bogen $H_n H_{n+1}$, sondern auch seine positiven und negativen Abbilder, d. h. in Wirklichkeit die gesamte Folge von Bögen ... $H_{-2} H_{-1}$, $H_{-1} H$, HH_1, $H_1 H_2$, ... die Kurve U in zwei Punkten geschnitten haben müssen. Wenn klar ist, daß die Bögen, die auf $H_n H_{n+1}$ auf S folgen, die Kurve U in Punkten schneiden werden, die an H immer näher heranrücken, so verlangt die Forderung, daß die Bögen, die $H_n H_{n+1}$ vorangehen, ihrerseits ebenfalls die Kurve U schneiden, daß letztere »sie suchen geht«: Der Ast der Kurve U, der auf den Bogen OH folgt, muß sich in spitzfindiger Weise winden, um $H_{n-1} H_n$, $H_{n-2} H_{n-1}$, ... bis $H_1 H$ schneiden zu können.

Natürlich kann man S und U ihre Rolle wechseln lassen und auf diese Weise eine neue, doppelte Reihe homokliner Punkte erhalten. Man erhält auf diese Weise eine Figur, die wahrhaftig »verwoben und verstrickt« ist und in der die beiden Kurven S und U sich zu einem immer dichter werdenden Netz verschlingen, das natürlich unser Vorstellungsvermögen übersteigt. Wenn man sich vor Augen hält, daß diese Figur nur ein schwacher Abglanz der Kompliziertheit der Bewegungen der Himmelsmechanik ist, versteht man die Schwierigkeiten besser, mit denen sich die Mathematiker seit zweihundert Jahren herumschlagen.

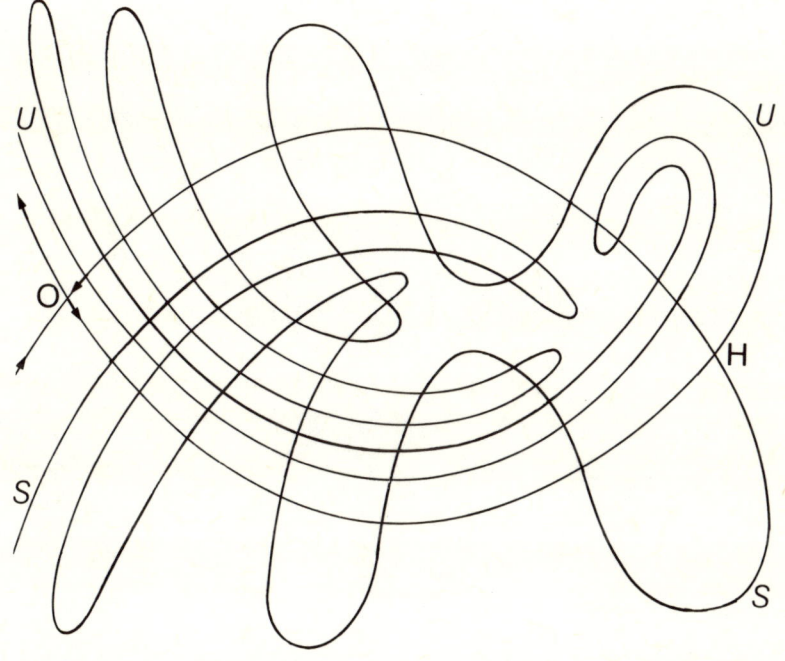

Figur 9 Dritter und letzter Verbindungsversuch. Die Figur ist unfertig: die Falten der Kurve *U* müssen sich unbegrenzt entlang der Kurve *S* anhäufen, und die Falten der Kurve *S* müssen sich unbegrenzt entlang der Kurve *U* anhäufen. Man erkennt das Entstehen zahlreicher neuer homokliner Punkte.

Anhang 2

Die Feigenbaumsche Bifurkation

Die verschiedenen Begriffe, die im Verlauf dieses Buches präsentiert worden sind – periodische Bahn, Chaos, Gleichgewicht –, können genausogut durch Zahlen veranschaulicht werden. Zu diesem Zweck ist es notwendig, über einen Taschenrechner zu verfügen, vorzugsweise über einen programmierbaren.

In den letzten Jahren ist man darauf aufmerksam geworden, daß es ein besonders einfaches Modell gibt, welches viel von der Komplexität der dynamischen Systeme in sich birgt. Es handelt sich um die Transformation des Intervalls $[-1, 1]$ in sich selbst, die den Punkt x mit dem Punkt $1 - \mu x^2$ verbindet. Diese Transformation hängt natürlich von der Wahl des Parameters μ ab, der zwischen 0 und 2 festgesetzt wird.

Hat man μ einmal gewählt, kann man eine Folge von Transformationen ausführen. D. h., daß man einen Anfangspunkt x_o wählt, dessen Transformierte $x_1 = 1 - \mu x_o^2$ ist, dessen Transformierte $x_2 = 1 - \mu x_1^2$ ist, dessen Transformierte $x_3 = 1 - \mu x_2^2$ ist usw. nach der folgenden Rekursionsformel:

$$x_{n+1} = 1 - \mu x_n^2$$

Sehen wir uns an, was hieraus wird!

A. Werte von μ zwischen 0 und 0,75

Nehmen wir $\mu = 0,5$, um einen Ausgangspunkt für unsere Überlegungen zu haben. Der Leser ist eingeladen, die Berechnungen mit einem beliebigen anderen Wert von μ zwischen 0 und 0,75 nachzuvollziehen.

Hier ist eine erste Folge von Werten, die man erhält, wenn man von $x_0 = 0$ ausgeht:

$$x_0 = 0$$
$$x_1 = 1$$
$$x_2 = 0,5$$
$$x_3 = 0,875$$
$$x_4 = 0,6171875$$
$$x_5 = 0,809539795$$
$$x_6 = 0,67232266$$
$$x_7 = 0,77399112$$
$$x_8 = 0,700468872$$
$$x_9 = 0,754671679$$

$$x_{10} = 0,715235328$$
$$x_{11} = 0,744219212$$
$$x_{12} = 0,723068881$$
$$x_{13} = 0,738585696$$
$$x_{14} = 0,727245584$$
$$x_{15} = 0,735556929$$

usw.; man findet

$$x_{20} = 0,731312469$$
$$x_{25} = 0,732205977$$
$$x_{30} = 0,732018182$$

Diese Folge konvergiert gegen den Grenzwert

$$\bar{x} = 0,732050807$$

Man kann auch von einem anderen Anfangspunkt ausgehen. Nehmen wir beispielsweise $y_0 = 0,5$ und sehen, was dabei herauskommt.

$$y_0 = 0,5$$
$$y_1 = 0,875$$
$$y_2 = 0,6171875$$
$$y_3 = 0,809539795$$
$$y_4 = 0,67232266$$

$$y_5 = 0,77399112$$
$$y_{10} = 0,723068881$$
$$y_{15} = 0,733930922$$
$$y_{20} = 0,731655187$$
$$y_{25} = 0,732133965$$
$$y_{30} = 0,732033324$$

Diese Folge konvergiert gegen den Grenzwert
$$\bar{y} = 0,732050807$$

Das ist derselbe Wert wie oben. Man bemerkt auf diese Weise, daß man es mit einem dissipativen System im Sinne des Kapitels 3 zu tun hat: Unabhängig vom Ausgangspunkt x_0 führt die natürliche Evolution des Systems unausweichlich zur Ruhelage im Punkt 0,732050807.

Der Punkt 0,732050807 ist folglich ein stabiles Gleichgewicht des Systems für den Wert $\mu = 0,5$ des Parameters. Man kann zeigen, daß für alle Werte des Parameters μ zwischen 0 und 0,75 das System ein eindeutiges stabiles Gleichgewicht besitzt, dessen exakte Position kontinuierlich von μ abhängt.

Man kann sogar einen expliziten mathematischen Ausdruck angeben, der $\bar{x}$ und μ in einen Zusammenhang bringt. Wir schreiben die Bedingung dafür an, daß $\bar{x}$ ein Fixpunkt der Transformation ist:

$$\bar{x} = 1 - \mu\bar{x}^2$$

was uns eine Gleichung zweiten Grades liefert:

$$\mu\bar{x}^2 + \bar{x} - 1 = 0$$

wobei x die einzige zwischen -1 und 1 vorkommende Wurzel ist:

$$\bar{x} = \frac{-1 + \sqrt{4\mu + 1}}{2\mu}$$

Für $\mu = 0,5$ ergibt diese Formel:

$$\bar{x} = -1 + \sqrt{3} = 0,732050808$$

B. Werte von μ zwischen 0,75 und 1,25

Nehmen wir $\mu = 1$, um wieder einen Ausgangspunkt zu haben. Der Leser ist neuerlich eingeladen, für μ einen anderen Wert in diesem Intervall zu wählen und seine eigenen Berechnungen anzustellen.

Hier ist eine erste Reihe von Werten, die man erhält, wenn man von $x_0 = 0$ ausgeht.

$$x_0 = 0$$
$$x_1 = 1$$
$$x_2 = 0$$
$$x_3 = 1$$

Man erkennt bald, daß die erhaltenen Werte abwechselnd 0 und 1 sind. Auf dynamische Systeme übertragen, hat man es mit einer periodischen Bahn mit der Periode 2 zu tun.

Aber vielleicht hat man sie nur durch Zufall entdeckt, weil der Ausgangspunkt $x_0 = 0$ sich gerade auf dieser Bahn befand. Um dies zu prüfen, beginnen wir mit einem anderen Wert, beispielsweise 0,5:

$$y_0 = 0,5$$
$$y_1 = 0,75$$
$$y_2 = 0,4375$$
$$y_3 = 0,80859375$$
$$y_4 = 0,346176147$$
$$y_5 = 0,880162075$$
$$y_6 = 0,225314721$$
$$y_7 = 0,949233276$$
$$y_8 = 0,098956187$$
$$y_9 = 0,990207673$$
$$y_{10} = 0,019488764$$
$$y_{11} = 0,999620188$$
$$y_{12} = 0,0007594796$$
$$y_{13} = 0,999999423$$
$$y_{14} = 0,0000011536$$
$$y_{15} = 1$$
$$y_{16} = 0$$

und so ist man sehr schnell wieder bei der Bahn mit der Periode 2.

166

Merkwürdig ist, daß die Formel

$$\bar{x} = \frac{-1 + \sqrt{4\mu + 1)}}{2\mu}$$

stets gültig bleibt und einen Fixpunkt der Transformation liefert, hier

$$\bar{x} = \frac{-1 + \sqrt{5}}{2} = 0,618033988$$

Unser Taschenrechner bestätigt uns, daß dieser Punkt ein Gleichgewicht ist: Durch Eingabe von $x_0 = 0,618033988$ erhält man immer wieder diesen selben Wert.

Aber es ist ein labiles Gleichgewicht! Um das zu erkennen, wollen wir von ihm so geringfügig wie möglich abweichen: Wir wollen die letzte Dezimalstelle verändern und von $y_0 = 0,618033989$ ausgehen. Verfolgen wir nun, wie die Abweichung sich vergrößert und der Sturz sich beschleunigt:

$$y_0 = 0,618033989$$
$$y_1 = 0,618033988$$
$$y_2 = 0,618033989$$
$$y_3 = 0,618033988$$
$$y_4 = 0,618033989$$
$$y_5 = 0,618033988$$
$$y_6 = 0,618033989$$
$$y_7 = 0,618033987$$
$$y_8 = 0,61803399$$
$$y_9 = 0,618033987$$
$$y_{10} = 0,61803399$$
$$y_{11} = 0,618033986$$
$$y_{12} = 0,618033991$$
$$y_{13} = 0,618033985$$
$$y_{14} = 0,618033993$$
$$y_{15} = 0,618033983$$
$$y_{16} = 0,618033995$$
$$y_{17} = 0,61803398$$
$$y_{18} = 0,618033999$$

$$y_{19} = 0,619033975$$
$$y_{20} = 0,618034005$$
$$y_{21} = 0,618033968$$
$$y_{22} = 0,619034014$$
$$y_{23} = 0,618033957$$

Zu bemerken ist, daß die ungeraden Ausdrücke kleiner als $\bar{x}$ sind und kleiner werden, während die geraden Ausdrücke größer als $\bar{x}$ sind und größer werden. Die einen tendieren gegen 0, die anderen tendieren gegen 1:

$$y_{99} = 0,065162952$$
$$y_{100} = 0,995753789$$

Das abwechselnde Vorkommen von 0,618033989 und 0,618033988, das in den ersten sechs Ausdrücken hintereinander auftritt, ist darauf zurückzuführen, daß der Rechner nur einen Teil der Dezimalstellen anzeigt, mit denen er arbeitet. So ist der für y_1 angezeigte Wert 0,618033988 gleichsam nur die Spitze des Eisbergs, während dessen nicht sichtbarer Teil das eigentlich Bedeutsame ist und das System letztlich destabilisieren wird. Man sieht, wie diese Fragen der Stabilität in den numerischen Berechnungen von Bedeutung sein können.

C. Werte von μ zwischen 1,25 und 1,368

Nehmen wir beispielsweise $\mu = 1,3$. Wir überlassen dem Leser das Vergnügen, eine Bahn mit der Periode 4 zu finden, zu der alle anderen Bahnen tendieren. Sie verläuft (in dieser Reihenfolge) durch die Punkte

$$-0,01494637$$
$$0,999709587$$
$$-0,29924503$$
$$0,88358813$$

Der Punkt $\bar{x} = 0{,}573069199$ ist ein labiles Gleichgewicht. Es gibt auch eine 2-periodische Bahn, die durch folgende Punkte verläuft:

$$\frac{1 + \sqrt{4\mu - 3}}{2\mu} = 0{,}955092191$$

$$\frac{1 - \sqrt{4\mu - 3}}{2\mu} = -0{,}18586142$$

Diese Bahn ist instabil, wie man leicht feststellen wird.

Der Zeitpunkt ist gekommen, um zu rekapitulieren: Wir haben zwei Katastrophenwerte [von μ] gefunden. Wir befinden uns in der in Kapitel 3 beschriebenen allgemeinen Situation, nämlich einem dynamischen System, das von einem Parameter μ abhängt. Solange der Parameter μ im Intervall [0, 0,75] bleibt, verändert sich das qualitative Verhalten des Systems nicht: Es führt zu einem stabilen Gleichgewicht, das kontinuierlich mit μ variiert und gegen das alle Bahnen konvergieren. Solange der Parameter μ im Intervall [0,75, 1,25] bleibt, verändert sich das qualitative Verhalten des Systems nicht: es führt zu einer stabilen Bahn mit der Periode 2, gegen die alle übrigen Bahnen konvergieren. Doch die Überschreitung des Wertes $\mu = 0{,}75$ verändert das qualitative Verhalten des Systems, und zwar insofern, als das stabile Gleichgewicht zugunsten einer 2-periodischen Bahn zerstört wird (oder vielmehr: es existiert noch in Form des labilen Gleichgewichts und ist folglich ohne Bedeutung für die Dynamik).

Auf diese Weise ist $\mu = 0{,}75$ ein Katastrophenwert im allgemeinen Sinn des Kapitels 3 (nicht aber in dem eingeschränkten Sinn der Theorie der elementaren Katastrophen, da das System ja aufhört, ein dissipatives zu sein).

Ebenso ist $\mu = 1{,}25$ ein Katastrophenwert, da die 2-periodische Bahn ihre Stabilität zugunsten einer 4-periodischen Bahn einbüßt.

D. Werte von μ zwischen 1,368 und 1,401

Wir beobachten hier sukzessive Periodenverdopplungen. Genauer gesagt: es gibt eine unendliche Folge von Katastrophenwerten μ_n, die sich bei 1,401 häufen:

$$1,368 = \mu_2 < \mu_3 < \ldots < \mu_n < \mu_{n+1} < \ldots < 1,401$$

Wenn μ zwischen μ_n und μ_{n+1} liegt, besitzt das System eine stabile Bahn mit der Periode 2^{n+1}, gegen die alle anderen Bahnen konvergieren. Auf diese Weise entspricht die Überschreitung dieser Katastrophenwerte im Sinne der zunehmenden μ einer Verdopplung der Periode. Diese Verzweigungen, bei denen die auftretenden Perioden sich verdoppeln, heißen »Bifurkation«.

In ausgezeichneter Näherung gilt:

$$1,401 - \mu_n = \text{Konstante} \times (4,6692\ldots)^{-n}$$

oder, falls man dies vorzieht:

$$\frac{1,401 - \mu_n}{1,401 - \mu_{n+1}} = 4,6692\ldots$$

Die Zahl 4,6692 ... ist die Feigenbaum-Konstante, die heute mit einer ausgezeichneten Genauigkeit bekannt und auch bei manchen anderen Gelegenheiten aufgetreten ist. Sie scheint eine erhebliche physikalische Bedeutung bei den Phänomenen der kaskadenförmigen Bifurkation zu haben.

E. Werte von μ zwischen 1,401 und 2

Über diesen Bereich ist sehr wenig bekannt. Es ist ein unerforschtes Gebiet, in dem man noch nach einem roten Faden sucht. Zwei Dinge stehen fest:

a) Für den größten Teil der aus diesem Bereich stammenden Werte von μ zeigt das System ein chaotisches Verhalten. Sämtliche periodischen Bahnen, die man finden kann, sind instabil, und das System irrt aufs Geratewohl zwischen einem Ende des Intervalls $[-1, 1]$ und dem anderen hin und her. Der Leser ist eingeladen, nach Belieben einen Wert für μ sowie einen Ausgangspunkt zu wählen und die Folge der Werte x_n zu berechnen. Es besteht die große Wahrscheinlichkeit, daß er nur eine ungeordnete Folge von Werten beobachtet, der anscheinend kein anderes Gesetz innewohnt als das des Zufalls.

b) Gleichwohl gibt es in dieser Wüste, in der die Unordnung herrscht, kleine Oasen der Ordnung und Stabilität. Der Leser ist eingeladen, selber den Bereich $1,75 < \mu < 1,7685$ zu untersuchen (und beispielsweise $\mu = 1,76$ zu nehmen). Wir wollen nicht die Überraschung vorwegnehmen, die ihn dabei erwartet!

Diese Ineinanderschachtelung von Ordnung und Chaos, dieser progressive Übergang vom einen zum anderen durch das Phänomen der Periodenverdoppelung, diese der allgemeinen Unordnung abgerungenen Parzellen der Ordnung: dies alles muß uns an die Abbildungen 16 und 17 in Kapitel 2 und an die Analysen Poincarés erinnern. Soviel scheint wahr zu sein: daß die Ordnung und das Chaos untrennbar miteinander verbunden und stets gemeinsam gegenwärtig sind, sei es in der Himmelsmechanik oder im Spiel der Zahlen.

Bibliographische Hinweise

Das erste Kapitel hat Alexandre Koyré viel zu verdanken. Meine Kenntnis Keplers und Newtons verdanke ich zu einem wesentlichen Teil den meisterlichen Werken *La révolution astronomique* (Paris 1961) und *Études newtoniennes* (Paris 1968).

Kapitel 2 berührt aktuelle Fragen, die im Mittelpunkt der Bemühungen zahlreicher Fachleute aus Mathematik und Physik stehen. Ordnung, Chaos, Turbulenz, Entropie: dies sind die Schlüsselbegriffe auf diesem Gebiet; sie haben zu zahlreichen Popularisierungsversuchen Anlaß gegeben. Diejenigen Poincarés bleiben immer aktuell: *La science et l'hypothèse* (»Wissenschaft und Hypothese«, Leipzig 1904; dto. Stuttgart 1974), *Science et méthode* (»Wissenschaft und Methode«, Leipzig-Berlin 1914; dto. Stuttgart 1973), *La valeur de la science* (»Der Wert der Wissenschaft«, Leipzig 1906). Zitieren muß man auch das Werk Ilya Prigogines und Isabelle Stengers' *La nouvelle alliance* (Gallimard 1979) (»Dialog mit der Natur«, München-Zürich 1981).

Das grundlegende Werk über die Katastrophentheorie ist René Thoms *Stabilité structurelle et morphogenèse*. Ergänzt wird es durch die *Catastrophe Theory* von Poston und Stewart. Keines dieser beiden Werke ist für den Nicht-Fachmann wirklich geeignet, doch sind seinerzeit eine Reihe popularisierender Aufsätze erschienen, insbesondere derjenige

Zeemans im *Scientific American* und der des Autors in *La Recherche*, auf den sich teilweise Kapitel 3 stützt. Schließlich ist vor kurzem ein neues Buch von Thom erschienen: *Paraboles et Catastrophes* (Paris: Flammarion 1984), Überlegungen über die Mathematik, die Naturwissenschaft und die Philosophie.

Bedarf es der Erwähnung, daß Kapitel 4 nur die persönlichen Ansichten des Verfassers widerspiegelt? Es war das schöne Buch von Robert Delevoy über Hieronymus Bosch (*Bosch*, erschienen bei Skira), in dem ich die Versuchung des hl. Antonius entdeckt habe.

Zu guter Letzt ist mein Buch die Frucht einer intellektuellen Neugierde, die – zu verschiedenen Zeiten und bei verschiedenen Gelegenheiten – Jean-Pierre Aubin, Jean-Marc Lévy-Leblond und René Thom geweckt haben. Ihnen allen sei an dieser Stelle herzlich gedankt.